# 西布利
# 观鸟指南

SIBLEY'S
BIRDING BASICS

［美］戴维·艾伦·西布利◎著
（David Allen Sibley）

叶元兴 王利刚◎译

北京大学出版社
PEKING UNIVERSITY PRESS

著作权合同登记号 图字：01-2017-1836

图书在版编目（CIP）数据

西布利观鸟指南 /（美）戴维·艾伦·西布利著；叶元兴，王利刚译. — 北京：北京大学出版社，2021.7
（博物文库. 自然博物馆丛书. 第二辑）
ISBN 978-7-301-31933-8

Ⅰ.①西… Ⅱ.①戴… ②叶… ③王… Ⅲ.①鸟类－指南 Ⅳ.①Q959.7-62

中国版本图书馆 CIP 数据核字（2021）第 003085 号

*Sibley's Birding Basics* by David Allen Sibley
Copyright © 2002 by David Allen Sibley
This translation published by arrangement with Alfred A. Knopf, an imprint of
The Knopf Doubleday Group, a division of Penguin Random House, LLC.
Simplified Chinese edition © 2021 Peking University Press
All rights reserved.

| | |
|---|---|
| 书　　　名 | 西布利观鸟指南<br>XIBULI GUANNIAO ZHINAN |
| 著作责任者 | ［美］戴维·艾伦·西布利（David Allen Sibley）著<br>叶元兴　王利刚 译 |
| 策 划 编 辑 | 周志刚 |
| 责 任 编 辑 | 刘清愔 |
| 标 准 书 号 | ISBN 978-7-301-31933-8 |
| 出 版 发 行 | 北京大学出版社 |
| 地　　　址 | 北京市海淀区成府路 205 号　100871 |
| 网　　　址 | http://www. pup. cn　　　新浪微博：@ 北京大学出版社 |
| 微信公众号 | 通识书苑（微信号：sartspku） |
| 电 子 信 箱 | zyl@ pup. pku. edu. cn |
| 电　　　话 | 邮购部 010-62752015　发行部 010-62750672<br>编辑部 010-62750539 |
| 印 　刷 　者 | 北京九天鸿程印刷有限责任公司 |
| 经 　销 　者 | 新华书店 |
| | 650 毫米 ×980 毫米　A5　6 印张　127 千字<br>2021 年 7 月第 1 版　2023 年 7 月第 2 次印刷 |
| 定　　　价 | 58.00 元 |

# 目　录

# 引　言

玫瑰赋它名，无碍香飘盈；若无芳名助，淹没花丛中。

—— 吉姆·赖特和杰里·巴拉克《自然的存在》

观鸟，顾名思义，就是观察鸟类。观鸟的方式不胜枚举，例如科学观测，艺术观察，使用技术设备或者仅凭肉眼观看。观鸟的场地，既可以是自家小院，也可以是人迹罕至的荒郊野岭。观鸟的目的，既可以是简单地辨认不同的鸟种，也可以是研究鸟类的鸣声、行为、觅食习性、迁徙规律、营巢方式等，亦或观察鸟类与其栖息地周边环境中的植物、昆虫、天气和人类等各种影响因素之间的交互作用。无论采取何种方式，选取何种场地，还是为了何种目的，观鸟的第一步，就是要对鸟进行命名，即：欲观鸟，先识鸟。本书主要关注鸟类识别中的难点，以及识别过程。

现实中，鸟类识别远非看图识鸟那么简单。事实上，鸟类非常惧生且机警，它们并不喜欢成为人类关注的目标。这意味着，观鸟的挑战性就在于，在将鸟的外形细节与图片进行对比之前，你首先得看清这些细节并加以解读。

理想情况下，所有的识别技巧都应该基于对事实的客观分析和对鸟类实际外部形态的清晰观察。然而，在野外，人们识别鸟类很难达到百分之百准确。通常情况下，鸟在视野中出现的时间很短，或者由于距离太远而无法看清楚。为了识别出鸟，人们必须做一些判断，一些主观的解释。

本书意在解读观鸟过程中可能遇到的情景，并做出更加合理的判断。大多数鸟都很容易识别，其中的窍门是知道如何搜集和分析线索。其实，鸟类识别专家们并没有什么超乎寻常的感知能力，他们只是更善于解读所观察到的内容，并且对于观察对象了然于心而已。

本书并不为人们识别特定鸟种提供指南，而是想让人们大致了解鸟类识别的难度，了解周围环境和鸟的行为如何影响了人们对鸟的印象。这种认识能够让人们更快且更自信地识别出常见的鸟、搞定难以识别的鸟，以及享受更多的观鸟乐趣。

## 致谢

非常感谢这些年来帮助过我的人，他们的探究精神，以及在鸟类识别的艺术和科学方面表现出的奉献精神，帮助我掌握了观鸟的基本功。特别感谢哈洛德·阿克斯特尔（Harold Axtell，已故）、托尼·布莱索（Tony Bledsoe）、乔恩·唐恩（Jon Dunn）、皮特·邓恩（Pete Dunne）、基斯·汉森（Keith Hansen）、史蒂夫·豪威尔（Steve Howell）、克恩·考夫曼（Kenn Kaufman）、鲍勃·毛雷尔（Bob Maurer）、诺贝尔·普罗克特（Noble Proctor）、彼得·派尔（Peter Pyle）、威尔·拉塞尔（Will Russell），以及我的父亲弗雷德·西布利（Fred Sibley）、我的兄弟史蒂文·西布利（Steven Sibley），还有里奇·斯塔尔卡帕（Rich Stallcup）、克莱·苏顿（Clay Sutton）和帕特·苏顿（Pat Sutton）等对我的帮助。

特别感谢克里斯·埃尔菲克（Chris Elphick）、史蒂夫·豪威尔，还有威尔·拉塞尔和琼·沃尔什（Joan Walsh），他们分别审阅了我的全部或部分手稿，并提出多处修改建议，补足细节。书中如仍有任何纰漏，文责均由本人承担。另外，特别要感谢我的妻子——琼（Joan），她给予了我无微不至的帮助；感谢埃文（Evan）和乔（Joel），正是因为他们，我才没有让工作完全占据我的生活。

# 1

# 着手准备

## 学习观察细节

新手和专业观鸟者之间最大的差距在于，专业观鸟者多年来一直在学习观察细节。因此，新手也必须从细节观察学起。

观察并解释鸟类细节极具挑战性，所有的细节都是相互关联在一起的，耐心谨慎的方法和专心致志的态度是细节观察的首要条件。主动学习并在观察时提出疑问也非常重要。另外，任何能够促进深入学习的方法，如随手素描、做笔记也都大有裨益。

新手们很容易被细节淹没，并且，就算只看到了一只鸟，他们也容易激动得手足无措。如果关注目标不明确，观察只不过是走马观花，无法获取有用的信息。经验可以解决这一问题。一般来说，最好重点关注鸟的喙和脸部。喙的形状能帮助你判断该鸟所属的类群，而喙部和脸部的特征结合起来就形成了该种鸟与众不同的标志性特征。

观鸟不仅要练习观察细节，还要练习从远处观察细节。在远处使用的野外识别特征与在近处时不同。观鸟者要了解这一点，然后在观察过程中思考距离是如何影响感知的。

　　识别出鸟种以后再进行观察，效果会明显提升。注意观察鸟类飞行、移动和觅食特点。在鸟类飞走时进行观察，然后根据从远处观察到的情况，看自己能否再次识别它。尤其是对于远处观察的一些盲区，要有清楚的认识——了解这一点，非常重要。经常会听一些观鸟专家们提到："我没有看到它们身上的白色斑点，而且我觉得离这么远，恐怕也难以看清"，或者"我没有看到白色的斑点，但应该是看得见的"。只有通过日积月累的经验和有意识地推测判断，观鸟者方能最终获取这些专业知识。

### 观察特征

　　在鸟类观察中，一个很重要的工作就是明白自己期待看到什么。有备而来，明白自己应该看什么并尽力付诸行动，将比毫无准备地随便看一只鸟更有目标，也更有收获。每一种鸟都有独特的生活习性和外形特征，如果你在观察前就对于即将出现的鸟种及其特征了如指掌，那么你将会既快速又精准地识别它们。

　　鸟类通常出现于可预见的时间和地点，这一点对于开展观察而言，是非常有力的线索。例如，一只在加州出现的鹨可以判定为西草地鹨（*Sturnella ngelecta*），因为东草地鹨（*Sturnella magna*）一般不会在此地出现。对此，甚至都不用专门去观察其羽毛细节或是分辨鸣声。从更细微的层面说，假如红尾鵟（*Buteo jamaicensis*）是你所在地区最常见的大型鹰类，那么你就可以大胆假设：此地所见的所有大型鹰类都是红尾鵟。然后，再确切地去看它们的尾羽是不是浅红色的，肩羽上是否有斑点，身体大小和各部位比例是否正确，以及看其他诸多项特征是否具备。通过这些细节特征，你就可以很快地判断出你眼前这只鸟是否为红尾鵟了。除非有某些特征对应不上，否则，也就无需再去考虑该鸟可能为其他物种。

了解了这些基础常识之后，再去观察、记忆每种鸟在外观、习性和分布上的细节差异就容易多了。关注鸟的各种特征，能够培养对于这些差异的直觉，并快速辨认和学习与自己预期不相符的种类。

亲缘关系相近的鸟种经常集群，这是观鸟者应当熟知的一条最基本的规律。众所周知，鸭就是鸭，鹰就是鹰。观鸟者要清楚，在鸭科鸟类中，也有潜水鸭和河鸭之分。就潜水鸭而言，也分绒鸭（*Somateria* spp.）、海番鸭（*Melanitta* spp.）、潜鸭（*Aythya* spp.）和秋沙鸭（*Mergus* spp.）等种类，它们各有差异。而在秋沙鸭中，普通秋沙鸭（*Mergus merganser*）和红胸秋沙鸭（*Mergus serrator*）特征相似，棕胁秋沙鸭（*Lophodytes cucullatus*）则与众不同。如能全面了解相似鸟种集群的各自特征，那么就能将潜鸟和潜鸭、绒鸭和河鸭、红胸秋沙鸭和棕胁秋沙鸭区分清楚了。

## 获取经验

我将在本书中不断强调经验的重要性，因其必不可少。观鸟者只有积累了一定的经验，本书所讲到的观察方法和线索会更有实用价值。本书会涉及一些宽泛的概念，并且对这些概念进一步细化和完善则有赖于每一位观鸟者自身的积累。

观鸟者只有凭借经验，才能在大脑中建构对每个物种的具体印象，而这些印象可以帮助观鸟者快速识别鸟种。观鸟者应尽其所能去获取经验，可尝试在不同的季节去不同类型的栖息地观察某种鸟的特征。观察鸟类的羽毛排列和羽色有助于更好地理解鸟种间的差异。更重要的是，通过这些经验，观鸟者可了解某一种类的标志性特征，无论羽毛、季节和栖息地类型如何变化，这些特征是确定不变的。这些信息对于观鸟者提高认知水平，增强对野外识别特征的敏感度，进而准确识别鸟种至关重要。

获取经验的捷径之一，就是跟随经验丰富的观鸟者一起外出观鸟。从这些人身上，新手可以很容易地学到一些观鸟的基本技巧，并且认识本区域内的常见鸟种。很多鸟种平时难得一见，如果没有经验，辨识起来将会非常困难。仅此一点，就足以令新手沮丧了。但是如果经验丰富的观鸟者能够告知鸟的名字，那么新手就可借此机会学习该鸟种的识别特征，并获取关于该鸟种更多有价值的信息。

大多数自然中心、公园、保护区、各地的奥杜邦学会、鸟类协会，都会定期组织观鸟活动，而且组织方通常都经验丰富，非常乐于帮助观鸟新人。

## 从错误中学习

我给新手的另一条重要建议是，将每一次误判都视为学习的机会。每次误判，都扪心自问，出错的原因何在？可能只是因为偷了一下懒，或者仅凭有限信息就草率地下判断，也可能因为见到罕见的鸟或被其出乎意料的行为误导了。要么你可能确实在一种环境下熟知该种鸟，但是变换到其他特定的环境，它的外观和行为方式都会有些许不同。很多错误之所以出现，就是因为观鸟者仅凭有限的线索，便急于完成识别，给出结论。故而，分析自身以及他人所犯的错误，将会让观鸟者收获良多。

让人难以接受的是，很多鸟只能被模棱两可地判定为：貌似什么鸟，或可能是什么鸟。如果非要强行说服自己看到了某个确定的鸟种，对于观鸟者而言，完全是不可取的。自欺欺人或拒绝承认错误只会减缓自己的学习进程，并且从长远来看，还可能引发更多问题。

## 准备设备

观鸟所需设备不多，实际上，甚至什么设备都不带也可以进行。不过我认为，至少还是要带上一副双筒望远镜和一本鸟类观察手册。另外，我还强烈建议带上一本野外笔记本。

### 光学设备：双筒望远镜、单筒望远镜及其他

当一位资深前辈指出了某种鸟的识别特征，而新手们却怎么

也看不到时，往往会备感失落。这可能并非因为新手们的视力不好或者能力不足，而是因为新手们的望远镜不够好。若你遭遇此种情形，很可能需要考虑更换一副更加优质的望远镜，因为在观鸟时，设备的好坏对观鸟体验影响极大。

建议去买你财力所及的最好的望远镜，买之前，一定要试用一下。可以去听听其他观鸟者的建议，或者找一家专业观鸟用品店了解一下。望远镜的价格很大程度上取决于其质量，而非放大倍数。相对于价格低廉的望远镜而言，价格更高的望远镜所能呈现出的图像，往往亮度更高、色彩更丰富、清晰度更高，而且往往更加耐用。不同品牌和型号的望远镜，其产品性能也有些许差别。或许你更偏向于某一种型号，例如更关注亮度和近焦功能，而对重量并不在意；又如在一定价格区间内，你可能只想买亮度和清晰度最高的那款。

细节呈现程度主要取决于图像的分辨率（清晰度），而非放大倍数。本人强烈推荐 7 倍或 8 倍的望远镜。相比于 10 倍的望远镜，这两种倍数的优点在于更加轻便，呈像亮度更高，不可避免的手部抖动对观察的影响更小，观察的视野也更宽阔，包括对鸟类栖息环境的观察。鉴于以上优点，7 倍或 8 倍的望远镜更适于跟踪和观察快速移动的鸟类。

多花点时间了解你的望远镜的使用方法很重要。练习把望远镜举到眼前，然后聚焦观察一个目标。练习用望远镜捕捉一棵大树上的某一片树叶，应先用肉眼观察寻找些标记物，然后按照此"标记物地图"用望远镜找到该片树叶。假以时日,你就可以熟练地使用望远镜捕捉快速移动的鸟类了。

一般来说,若要观察鸻鹬类、雁鸭类和海鸟等水鸟以及其他众多鸟种,还必须配备一副单筒望远镜,它不仅可用于观看远距离的鸟,也可用于观察近距离的鸟身上的具体细节。正如挑选双筒望远镜的原则一样,观鸟者也应当购买财力所及的最好的单筒望远镜。如有可能,我推荐购买30倍的单筒望远镜,这种倍数算是易于操作的最高倍数了。倍数越高,不可避免的抖动、风吹所产生的干扰和大气折射的影响就越大,定位鸟类也就越困难。此外,你还需要一副三脚架,以便观察时稳固地放置望远镜。

很多观鸟者在观察过程中还顺带满足了个人的兴趣爱好,例如摄影、录音等。这些习惯,不但能够帮你记录与个人爱好相关的所见所闻,还能够向别人证实你的确看到过某种罕见的鸟。数码相机的广泛应用,也为观鸟者通过单筒望眼镜直接进行摄像或录像提供了便利。

### 鸟类观察手册

市面上可以看到一些描述、记录每种鸟的关键识别特征的袖珍版鸟类观察手册。多数观鸟者会买多种不同类型的鸟类观察手册,因为每种手册对鸟类的介绍解读方式存在差异,最好多参考几本。与此同时,在使用这些鸟类观察手册时,需要熟悉作者的风格,这样你很可能会特别推崇其中某本,更愿意去参考。

鸟类观察手册不仅是参考书，也是学习工具。观鸟者应努力学习、汲取书中所包含的信息，而不只将其作为随时备查的参考资料。多数时候，观鸟者总会先看手册，然后再去观鸟。如果先去认真观察，做好记录，然后再去翻阅手册，你的收获将比看到鸟后马上去翻书查找要多得多。同理，在观察并确认其为何种鸟后，再去翻书学习，你会进一步加深对此种鸟的认知程度。

你可以随意在手册上做标记。记录观鸟的时间和地点，能帮助你记住该鸟种。对于你所在区域较为频繁出现的鸟类，可用荧光笔或彩色便签纸在鸟类观察手册上做标记，以便之后重点关注，使自己更熟悉手册内容及该鸟。

尽管鸟类观察手册会展示相应区域的鸟种分布图，但通过当地的观察记录或鸟类区域分布图，你可以获取更为详尽的信息。对本地鸟种的资料进行分析，并在你的鸟类观察手册中补充标记，这样你观察到这种鸟的概率就会极大提升。

## 获取更多信息

观鸟能引导你学习其他方面的知识。浏览专业杂志，获取其中有用的信息，可以更好地理解和识别鸟类。对某种鸟及其习性了解得越多，下次再遇到该鸟时，识别的速度就越快。

### 深入阅读

作为观鸟者，你应在自己的阅读书目中添加至少一本鸟类观察手册。很多观鸟者都发现，随着时间的推移，关于鸟类的书会积累得越来越多。此外，你的书目中还应有一本关于本地区鸟类状况及分布的指南。目前，北美所有地区都编定了此类指南。

顺从你对鸟类的好奇心，广泛涉猎。不夸张地说，关于鸟及其各方面知识的书有成百上千种。要记住，你所学到的任何有关鸟类及其习性的知识，都将帮助你了解并在野外识别它们。诸如《海雀》（*The Auk*）、《秃鹫》（*Condor*）、《威尔逊鸟类杂志》（*Wilson Bulletin*[①]）等供鸟类学家阅读的学术期刊，也为兴致盎然的观鸟者们提供了趣味十足的阅读素材。此外，适合观鸟者阅读的还有一些学术性弱的大众期刊，例如美国观鸟协会编定的《观鸟》（*Birding*），以及《观鸟者杂志》（*Birder's Journal*）、《西方鸟类杂志》（*Western Birds*）等。

还有些综合类的参考书籍，例如"北美鸟类指南"（*The Birds of North American*）丛书、"世界鸟类手册"（*Handbook of the Birds of the World*）丛书、亚瑟·C. 本特（Arthur C. Bent）的"北美鸟类生活史"（*Life Histories of North American Birds*）丛书等，都详细讲述了鸟类的自然生活史。如有意对此方面进行更加广泛的了解，可参阅《西布利鸟类生活及行为指南》（*The Sibley Guide to Bird Life and Behavior*）。

如果想深入了解鸟类的羽毛、换羽过程，以及亚种和其他识

---

① 译者注：2005 年更名为 *Wilson Journal of Onithology*。

别信息，那么彼得·派尔的《北美鸟类识别指南》(*Identification Guide to North American Birds*) 是不二选择。最近，一系列针对某个特定类群的鸟类识别和博物学的书已经面世，并且更多相关著作正在陆续出版。即便如此，还是有很多问题留待你自己去寻找答案，而专业知识的增长，既可通过阅读专业书籍，也可通过积累野外经验来实现。

# 2

# 寻找鸟类

观鸟之所以让人兴奋不已，原因之一在于鸟类无时无刻都处于移动之中。你永远不知道下一秒将看到什么，就如同你本来是沿着街区散步，转瞬间却进入了荒郊野外。同样地，你可能才观察某只鸟几秒钟，转眼它就又不知道飞到哪里去了。并且，鸟类大多是神出鬼没、神秘莫测的，不愿意轻易现身。因此，如果想找到鸟类，你必须时刻保持警觉，眼观六路，耳听八方。

## 野外观鸟技巧

- **步伐轻巧**　鸟类不一定会被噪音干扰到，而你却可能因此分心。鸟类出现的第一信号，通常是其轻柔的鸣叫和树叶轻微的娑娑声。而谈话声、衣服摩擦的飕飕声等任何干扰声，都可能让你无法捕捉到这一信号。

- **举止轻柔**　鸟类通常对突然性的举动极其敏感。你突然抬手，举起望远镜或者伸出手向前指，必然比其他动作更容易把鸟类惊飞。

- **移动缓慢**　相比于到处快跑，在原地守株待兔式的驻足能使你看到更多的鸟类。

- **观察动静**　这需要你保持静立，观察的视野要开阔，而非仅仅盯着一个点。一旦察觉到风吹草动，即使不确定造成响动的原因，你也要举起望远镜仔细观察，尽力寻找鸟类的踪迹。

- **循声聆听**　一些观鸟行家能通过聆听鸟类的鸣唱和鸣叫找到更多的鸟类。尽管不能判断具体为何种鸟的叫声，但这些叫声最起码能够起到一定的作用。你只需静听它的叫声，便能判断鸟在该区域的大概方位，然后循声前往寻找，这比漫无目的地到处游荡寻找要强得多，可以最大程度提高看到鸟的几率。同时，通过声音找鸟也是学习鸟类鸣声的第一步。

- **观察行为**　观察一群鸟的周边区域，重点观察那些飞在外围以及行为异常的鸟，这些鸟很可能和该群鸟并非同类。鸟类的行

大黄脚鹬（*Tringa melanoleuca*）仰头观望，似乎在注视老鹰。

为是寻找和识别它们的有用线索，而观察鸟类的行为正是我们获取线索的方式。

- **通过鸟类寻找其天敌**　鸟类极其敏锐的警觉性和观察力可以帮助观鸟者找寻它们。如果你听到山雀、松鸦和乌鸦发出叱责般的尖叫声，那你就可基本判断有老鹰或者猫头鹰出现了。学会聆听这些鸣叫，然后跟随声音去观察。与此类似，小型鸟类如发出警报声并随即做出躲避的动作，那么也可能预示着捕食者出现。如果你投放的喂食器周围的鸟突然全部急促地振翅高飞、高声尖叫，仅留下空荡荡、静悄悄的现场，那么你可以确定有捕食者来袭。如果仔细观察地面或者周围高处的树木，上述猜测可能就会得到验证。养成听到此类声响后快速四处张望找寻的习惯，未来肯定能助你发现猛禽。当你看到一只鸻鹬仰头望天，你也要随之警觉起来，查看到底是什么引起了它的注意，你很可能会在空中发现一只盘旋的猛禽。

- **观察集群行为**　群鸟齐飞，或一群鸻鹬在空中动作整齐划一时，正是猛禽出现的紧急信号。当空中有捕食者出现时，很多小型鸟类会组成一个密不透风的鸟群，围着捕食者前后来回转弯盘旋，不给捕食者居高临下的可乘之机，也避免出现某只鸟落单的情况。尤其是椋鸟，它们来回盘旋的动作比其他鸟更具观赏性，持续时间也更久。天空中若出现了"椋鸟群"，那通常意味着猛禽就在不远处徘徊。

纹腹鹰（*Accipiter striatus*）和紫翅椋鸟（*Sturnus vulgaris*）群

## 发出"呸"声

　　某些小型的鸣禽会发出叱责般的嘶嘶声、嘘嘘声或者吱吱声（观鸟者通常称作"呸"声），这些声音皆是可以模仿的。这些声音里还经常掺杂着猫头鹰在被鸣禽发现后，模仿成年猫头鹰的叫声。小型鸣禽们此时就会接近声源处查看情况，并一起驱逐捕食者。

　　当你隐藏在草木丛中时，发出"呸"声将非常有助于观鸟。鸟需要在不离开遮蔽物的情况下设法靠近你，理想情况下，它们可以找到一处开阔的落脚点。在好奇心的驱使下，鸟会靠近你，然后找一个可以看清你的地点驻足，对你仔细打量。

多数鸟类好奇打量你的时间也就维持 1～2 分钟。对"呸"声最感兴趣的要数那些好奇心强、会发出警报声的鸟,例如山雀或鹪鹩。它们对你的兴趣一般都会持续数分钟之久,而且它们的叫声还会把其他鸟类吸引过来,比你的模仿声效果好很多。

当然,过度使用"呸"声也会产生问题。对此,请参见我在"伦理与保护"章节中的评述。

## 去鸟所在的地方

- **选择观鸟时间**   关于观鸟的一个误解是,必须在破晓时分起床去观鸟。毋庸置疑,日出后的一小时是很多种鸟活动的高峰期(下午过半时段是低谷期),当然在一天中的其他时段,仍然可以看到大量的鸟。鸟类的活动时间取决于它的习性以及其他多种因素,例如气温、季节、潮汐以及该时段它们正在进行的其他活动(例如育雏、迁徙、换羽等)。

- **观察边缘地带**   鸟类活动经常集中于一些边缘地带 —— 草坪边、池塘边以及树林边缘。这些地区比中心区域更易发现鸟类活动踪迹,因此观鸟者应当首先搜索查看边缘地带。另外,你也不要只盯着边缘。有时候,尝试深入观察一些看似不太适宜的栖息地中心地带,或许也能有一些意外的有趣收获。

- **预判鸟类的需求**   如果你想在一个大冷天寻找小型停歇的鸟,那就沿着洒满阳光的边缘地带去寻找吧。如果是有风天气，尝试探索一下可以避风的角落。如果是炎热的天气，就看看有水洼的阴凉地带。如果在以上这些地点看到了一些鸟类的活动痕迹，那不妨坐下来观望，很快你就可以大饱眼福了。

- **考虑天气因素**　经验丰富的观鸟者会根据天气情况来决定观鸟的地点和时间。如果是暴风雨天气，他们会到本地的水库或者半岛的海岸边，去寻找被暴风吹过来的迁徙中的水鸟。秋天的冷锋和春天的暖锋都会带来一波候鸟。通过留意天气变化及鸟类活动规律，你就能够更加准确地判断出每天观鸟的"最佳地点"。

- **跟踪鸟类**　如果你发现在某区域有一群鸟聚集，不妨思考一下它们为何在此出现。是因为此地食物丰富，还是因为此地温暖或凉爽？如果它们正从此地飞过，你是否应该跟踪它们去寻找附近的集中停歇点，或者反方向去探寻它们从哪里来呢？是否值得在原地站立等候更多鸟儿飞来呢？无论如何，这个地点都值得你改天再次回访。

## 利用地形观鸟

迁徙的候鸟选择集中地，通常跟当地的地形特征密切相关。以下将介绍一部分知名的观鸟地点及鸟类在此聚集的原因。

- **新泽西州的开普梅**　多数鸟类都不愿飞越广阔的水域，而新泽西州南部的地形就像一个巨大的漏斗，将南迁的鸟类都聚拢在开普梅半岛的最南端。当冷锋将大量的候鸟带到此海岸边时，场景蔚为壮观。

- **加利福尼亚州的蒙特利半岛** 沿着加州海岸向南迁徙以及在蒙特利海湾外围觅食的海鸟，经常会被常年盛行的西风吹进海湾。当它们向南飞行时，会飞到蒙特利半岛，并转弯绕过它，紧贴半岛的尖角飞过，然后聚集到一个狭长的地带。

- **纽约市的中央公园** 迁徙到曼哈顿周边区域的候鸟都会被吸引到中央公园，此处是该地区最大的自然栖息地。公园就是城市中的一片"绿洲"，如同沙漠里的一片丛林，或者大海上的一座小岛，聚集了大量的迁徙鸟类停歇。

全球因地形原因天然形成的绝佳观鸟地点，可谓不胜枚举。根据以上地点的地形特征，在你所处区域按图索骥（哪怕是更小的区域范围），或许你也可以享受到地形因素给你带来的愉悦观鸟体验。

## 将鸟类吸引到你的庭院

当然，不一定必须到树林里、沼泽地中才能追踪到鸟类。你在庭院里放上食物和水做诱饵，然后适当伪装，也能把很多种鸟吸引过来，然后你就能近距离、悠然自得地观察它们了。哪怕你住在公寓楼的十层，也可以安装一个喂食器，即使是偷食的鸽子和麻雀，观察起来也妙趣横生，使你受益匪浅。你可以舒舒服服地坐在自家椅子上，观察一些常见鸟的羽毛和行为，或者享受随意观察各种鸟的乐趣。

## 做好记录

观鸟时，并非必须做笔记，但做笔记却可以加快你学习的进程，为外出观鸟提供新的动力，并助你从此项爱好中获得更多乐趣。做观鸟笔记的方式多种多样，你可以根据个人兴趣琢磨出自己的方法。

最简单和通用的一种记录方式，就是把你在特定时间和地点观察到的鸟列一个名录。观鸟和列名录相辅相成，因为观鸟的一个基本目标就是去寻找新的鸟种，而列观鸟名录就是跟进记录观鸟进展的常用方法。

观鸟者们所列的名录就是他们的观鸟记录，记录他们曾经在何年何地看到过何种鸟。很多观鸟者把他们的名录按照区域进一步细化，专门记录他们在北美地区看到的鸟，或者在某个州、县或公园的见闻。他们还按照时间来制作名录，记录某年、某月，甚至某个特殊日子，例如圣诞节的观鸟收获。

虽然如此记录看似琐碎，但是也有益处，因为这些记录激发了观鸟者探索的欲望。我们目前所掌握的大部分关于鸟类分布的知识，都来自于那些执着于在他们所在的州、县，或在特定的日子寻找鸟类的观鸟者们的记录。

### 野外笔记

野外笔记的做法也是多种多样的。要根据你自己想要记录的内容，选择最适合的方法。最简单也是最有收获的方法，就是每天都做好日记。

如果你记录的是日期、地点和每种鸟的数量，那么电脑程序或许是你的最佳选择。你可以不需要提前根据自己的特殊兴趣做记录，而是一次性输入数据，然后根据需要调取，制作在特定时间或地点看到的鸟种的报告，此外，还可以导出任一种鸟的所有相关记录。

目前，有多款出色的且适用于手提电脑的程序软件，通过它们，你可随时在野外完成数据录入。不过，无论你用什么软件，都要确保你还掌握一种一旦观察到有趣情形便能速记或者速写的快捷方法。鸟类绝不能仅仅体现为电子表格中的数字，你会经常发现，有必要用文字或者一张示意图、速写图来生动地记录它们。

### 示意图

绘制示意图和做笔记都要求你将所见内容分别转换成线条和文字呈现于纸上，它们都是极有价值的训练手段，既可以增长见识，也可以提高你对鸟类的认知程度。哪怕速写和记录文字表现力欠佳，但动手去做这两件事本身就能起到强化记忆的作用。

素描可以清晰地展示出你对此鸟的认知还存在多少空白。画不好也不要气馁，针对你素描的薄弱部分着力弥补，你就能更快地取得进步。

　　以下是我的几张野外素描图，每一张都用来记录某种鸟的一些特别的细节。素描与文字结合，能非常有效地记录鸟的细节。虽然这些图看起来都像是漫不经心画成的，但实际上，每张图都凝结了长时间的观察（有时耗时数小时），落笔前、绘图中都进行了仔细的研究。在野外，我的大部分时间都用于观察和研究鸟类，而画下它们却只用几分钟而已。

用于描绘鸟儿整体细节的速写图：哈氏纹霸鹟（*Empidonax hammondii*）。

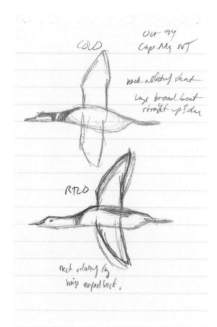

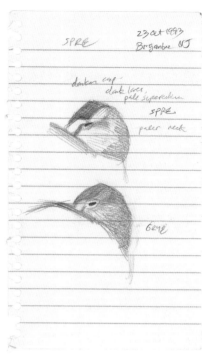

鸟的细节对比：左图为飞翔中的普通潜鸟（*Gavia immer*）和红喉潜鸟（*Gavia stellata*）；右图为鹤鹬（*Tringa erythropus*）和大黄脚鹬的头部形状和睡眠时的姿态。

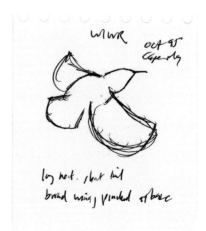

鸟扇动翅膀时大致的姿态：飞翔中的鹱鹬。

# 3

# 鸟类识别的挑战

观察也能让你收获很多东西。

——约吉·贝拉

鸟类识别就如同一场计时比赛。一方面，你的书本里、头脑中都存放着鸟类的图像，但另一方面，你眼前又是一群飘乎不定、躲躲闪闪的活生生的鸟。你所面临的挑战就是去找到那些鸟，看清楚它们身上的一些特征，然后利用这些线索，找出它的名称。

鸟类识别的科学随着时间推移也在不断变化发展。一方面，这归功于光学设备的不断进步，使观鸟者可以观察到更多细节，另一方面，这得益于鸟类知识的不断积累。现代鸟类识别方法的核心在于整体评估，即将鸟当作一个整体来研究，并综合考虑其体型、动作、颜色、换羽、栖息地、年龄等因素。按照此方法，观鸟者需要评估鸟类羽毛的差异，判断它们喙部形状的细微差别以及特殊羽毛的识别特征，并权衡行为线索。虽然观鸟的重点可能在于不断深入地观察细节，但目标却是将这些细枝末节与鸟类的整体形态及行为关联起来。

　　随着观鸟技巧的提升，你的洞察能力也会变强。新手可能看到的就是一群鸭子。但是通过识别这些鸭子的种类，你会得出结论：任何一只鸭子并非与鸭群中的其他鸭子毫无差别。再更细致地观察，你会对每只个体进行鉴别，例如绿头鸭（*Anas platyrhynchos*）并非是"从同一个模子里塑出来的"。每只鸟的年龄和性别都可以通过仔细观察而区别开来，根据其他信息，还可以判断出其是否为杂交个体，或属于什么饲养品种，并研究其羽毛和形态方面的不寻常之处。你也可能注意到不同性别或者个体之间行为特征的差别，并进一步获得更加海量的信息。

　　对于观鸟者而言，深入观察鸟类的实际益处之一就是，随着对每个鸟种定义得越来越精确，识别的准确性就越来越高。以美洲小滨鹬（*Calidris minutilla*）和半蹼滨鹬（*Calidris pusilla*）之间的差别为例：如果仅对羽色的差异进行概括，如"美洲小滨鹬的羽毛比半蹼滨鹬的更偏棕色一些"，或"美洲小滨鹬胸部的羽毛比半蹼滨鹬的更黑一些"，也只能让你分辨出一些个体差异，并不能说明两个鸟种之间的差别。观察羽毛颜色分布时，应该用更细致的方式来描述差异，而非用简单的"更黑一些"或"更深一些"之类的词汇，这样你才能看到更加具体的野外识别特征，并做出更为精准的判断。你需要了解一些专业的表述方式，例如："幼鸟三级飞羽的红褐色末端更宽大一些"，或者"成鸟下肩羽的中心是黑色锚状"等，本书将帮助你做到这一点。要记住，所有这些细节都不是孤立存在的，它们跟其他因素，例如鸟类的年龄、羽毛的位置等密切相关，这些因素共同对鸟类整体外部形态产生影响。

## 分类技巧

　　鸟类识别就是进行特征比对。无论你是正在野外观察两只近距离的鸟，还是边看某只鸟，边与书上的图片对照，都必须仔细对比，找出差异。如前所述，你必须训练观察细节的本领。为此，你可试着对比两只鸟的插图，将你能找出来的所有差异都罗列出来。

左边为玫红丽唐纳雀（*Piranga rubra*），右边为主红雀（*Cardinalis cardinalis*）。你能找到它们之间的10个不同之处吗？

　　上图乍看上去，就是两只亮红色的鸟，不过哪怕粗略观察一下，就会发现，两只鸟截然不同。其中，明显的区别在于主红雀有冠羽和黑色的脸部。再进一步观察，就会发现，它们在喙部颜色、形状、身体比例和站立姿态、羽色深浅程度、翅膀形状、跗跖颜色和长度、尾羽长度、翅膀羽缘颜色、背部和胸部羽毛颜色对比度、两胁颜色等方面，均存在较大差别。如果在野外看到这两只鸟，那你还应注意到它们在行为、食性、栖息地、鸣声等方面的区别。实际上，你可以列一份相当长的细节对比列表，记述两种鸟之间存在的几十项特征差异。

既然你已经编完了列表，想必你对这两种鸟之间的差异已了然于胸。那让我们再增加一种鸟。鸟儿一旦成群，要根据观察到的差异加以辨识，这就有难度了。试问在下图中，哪两只是同种，哪两只是不同种呢？

要对鸟进行分类的话，就要对它们的差别进行排序，清楚哪些差异比较重要，哪些相对次要。分类应该按照总体颜色，还是喙部

三只鸟中有两只属于同种鸟。那么哪只是不同种类呢？左边是玫红丽唐纳雀，中间是雄性主红雀，右边是雌性主红雀。

的颜色？按照头形，还是栖息习性（在树枝上，还是在地上）？抑
或某些特征的组合？当务之急，就是要考虑所观察到的差异中，哪
些较为重要。

乍一看，两只红色的鸟似乎就是一对，但是别急，咱们继续练
习找找差异。将红色的唐纳雀与棕色的鸟对比，我们发现，它们在
以上提到的各种特征方面以及总体颜色上，都存在明显的差异。然
后再把主红雀与棕色的鸟对比，发现两者在栖息习性、羽色等细节
上存在差别。考虑到鸟类在行为方式及羽色上的变化，我们可以忽
略它们在栖息习性和总体颜色方面的差别，在观鸟中提高形态结构
和羽毛颜色两项识别特征的权重。那么，无论两只鸟身上的红色使
它们看起来多么相似，最好的分类方式还是将主红雀和棕色的鸟
（雌性主红雀）划为一类。

两只主红雀之间的所有相似之处都明显表明：它们属于亲缘物
种 —— 在此处，实际上，是属于同一鸟种。把主红雀的共性概括
起来，我们可以这么描述：主红雀是一种中等体型的鸣禽，尾圆而
长，翼短而圆，羽冠明显，圆锥形的红色嘴粗大，眼先黑色，翼羽
和尾羽呈浅红色。虽然雄性主红雀颜色更加鲜艳，让它看上去更显
眼，但是对于该鸟种而言，整体颜色并非其最重要的识别特征。

人们倾向于以羽毛的颜色作为划分鸟类的重要参考依据，但
是需要再次强调的是，在鸟类识别中，你会发现某些形态和结构特
征要比羽毛颜色更具参考价值。在每种鸟类中，个体的喙部和翼的
形状等特征都是一致的。无论是雄鸟还是雌鸟，成鸟还是幼鸟，只

要是该种鸟，在体型大小、身体结构、生活习性上都有共性特征，这就成为该鸟种最基本的"外部特征"。同种鸟的所有成员几乎都拥有一些相似的羽毛和颜色组合（例如主红雀均有浅红色的翼和尾、黑色的脸、红色的喙）。所以，了解某一鸟种所有个体共同拥有的羽毛和斑纹特征，就变得尤为重要。要做到这一点，要点之一，不是去查看鸟身上特征最明显的鲜亮色彩和醒目图案，而是去观察如脸部和翼等部位的细节特征。

主红雀与玫红丽唐纳雀的差异有几十处，可通过以上提到的任意几种细节组合标准予以识别。经验丰富的观鸟者不但可以通过红色的冠羽和黑色的脸部识别，还可以轻而易举地通过尾的长度和形状以及尾下覆羽的颜色辨认。随着经验的积累，你将学会恰当地权衡不同特征的比重。了解了这些关联之处，将有用的信息从所有信息中提取出来，并按类群对鸟进行分类，可使你受益匪浅。把这些线索归纳在一起，并正确指出一只鸟的名字，能给你带来极大的满足感，就如同刚解开了一道填字游戏的迷题或通过推理找出一个谋杀谜案的凶手一样，那一瞬间，内心不免欢欣鼓舞。

## 野外识别特征

不幸的是，很少有鸟看起来跟鸟类观察手册图片上一模一样。手册中的那些画像展示的都是理想的画面，即在光线充足的环境下，鸟类最具代表性的模样，而且一般情况下每个物种最多展示两三种最常见的姿态。在现实中，鸟类外部形态的每个方面都千变万化，而我们对它们的印象，通常会受到观察过程中环境光线和其他因素的影响。

野外识别特征的种类繁多，每一种特征都有一定的适用范围。有些特征可信度较高，几乎适用于所有的场景，而有些特征仅能用于分辨为数不多的鸟类，或者只适用于某些特定环境中。了解不同野外特征的可信度，明确如何结合不同的识别特征来提高辨识准确度，就显得极为重要。

许多观鸟新手都想获得一个"妙招"——一个能将某一物种中所有个体与其他种类完全区分开的唯一的、绝对的野外识别特征。实际上，诸如此类的绝对的野外识别特征少之又少。几乎所有的野外识别特征，无论有多清晰、显而易见，都是不够充分的，容易和其他物种的个体以及异常个体混淆，或被观鸟者误判。这就是单一的野外识别特征完全不足以成为鸟类识别基础的原因。

观鸟新手需要理解的另一个重点是，鸟类识别不是一门精确的科学，通常不包含绝对的确定性。不过，在大多数情况下，你还是可以对识别充满信心，鸟种越是常见、特征越鲜明，就越能准确地进行识别。当然，总体识别目标是达到一个令人满意的"合理可信度"。不同观鸟者设定的标准也会有差别，在某些情况下（如识别罕见的鸟类）则会有更高标准。你不必担心野外特征并非百分之百的可靠。由于单一的识别特征不足以识别出一种鸟，你必须尽可能找到更多的识别特征，即使是模糊的或暗示性的，也可能对你有所帮助。观鸟者应合理地利用识别特征并辅以其他证据，这些将成为鸟类识别的利器。

## 相对差异

　　许多野外识别特征只不过是相对差异，也就是说，需要直接或间接地对它们进行比较（例如相对于 A 而言，B 的尾更长，喉部的黄色更加鲜亮）。任何含比较意义的词，如"更长""更暗""更粗糙"等，都暗含了相对差异。在野外识别过程中，你必须完全依赖自己的印象和判断，描述每一鸟种和其他物种的不同之处。黄脚鹬的喙是长还是短？如果你比较熟悉鸻类，你会说长；但是如果你非常熟悉塍鹬类，你会说短。如果你观察过栖息于棕色枯草中的麻雀，你会发现，橙冠虫森莺（*Vermivora celata*）在枯草的映衬下，看起来是明黄色的。同样是橙冠虫森莺，如果是在春天绿叶的衬托下，则会和黄林莺（*Dendroica petechia*）、蓝翅虫森莺（*Vermivora pinus*）等其他莺类一样，外表呈相对单调的橄榄绿。

　　即使是将两个鸟种放在一起直接进行逐项比较，你仍然需要仔细观察，判断两者间的任何相对差异是否明显。大黄脚鹬与小黄脚鹬（*Tringa flavipes*）相比，体型更大，喙部更长，如果不能像这样逐项比较，肯定非常难发现这些差异。除非经验丰富，已经对大黄脚鹬和小黄脚鹬的体型差异了如指掌，否则你将难以仅凭直觉就自信地识别出二者。

　　鸟也有少数与亲缘物种无关的特征，例如红头啄木鸟（*Melaner-pes erythrocephalus*）的红色头部（此种鸟有红色头部，而其他种类啄木鸟没有），斑翅鹬（*Catoptrophorus semipalmatus*）的白色翅膀等（此种鸟拥有其他鹬类所没有的宽大白色翼羽）。虽然某些种类的啄木鸟的头部也有些许红色（红头啄木鸟的红色范围更大），其他鹬类也有白色翼羽（斑翅鹬的白色翼羽更宽大），但是这些野外识别特征容易判断，即使是毫无经验的观鸟新手也可用以识别鸟类。

## 比例差异

　　我们已经探讨了相对差异，即将不同鸟种的相同部分进行简单对比。然而，我们在野外通常看到的是一整只鸟，因此还有另一种可供参考的相对差异，我们称之为比例差异。例如，大黄脚鹬的喙，相比于其身体的其他部分，尤其是头，显得比小黄脚鹬的喙要长得多。也就是说，如果将大黄脚鹬的体型缩小到与小黄脚鹬一般大，前者的喙要比后者的喙看起来更长。

　　如下图所示，草原绿林莺（*Dendroica discolor*）的尾羽比白颊林莺（*Dendroica striata*）的更长，就连经验最丰富的观鸟者也是如此描述。但事实上，经实际测量发现，草原绿林莺的尾羽比白颊林莺的尾羽略短一些。尾羽看起来的长度与鸟的体型、翅长以及尾部覆羽的长度密切相关。由于草原绿林莺体型小、翅长、尾部覆羽短，所以相对于身体其他部分，它的尾羽看起来要更长一些。于是

白颊林莺（左）和草原绿林莺（右），展示了尾羽长度的不同。

就会给人留下一种印象，即草原绿林莺的尾羽更长（而且这种印象
非常重要），观鸟者在野外可以自信满满地判断，不管实际测量结
果如何，草原绿林莺的尾羽占体长比例更多，看起来更长。

**平均差异**

　　平均差异（也称作百分数差异或趋势），指那些仅出现在某些
个体上的个性化差异（例如，某种鸟与另一种相比，体型更大、颜
色更亮、特征更明显）。西滨鹬（*Calidris mauri*）和半蹼滨鹬的对
比就显示出了这种平均差异。每一种鸟都有喙长范围，西滨鹬平均
喙长要大于半蹼滨鹬。尽管物种间有差异，但是在实际中你很有可
能发现一只喙略长的半蹼滨鹬和一只喙略短的西滨鹬。考虑到两个
物种的重叠，以及在野外判断大小细节的难度，许多鸟都不能仅仅
依靠喙长来识别。能仅凭喙长进行识别的是那些喙长处于两个极端
的滨鹬，即喙最短的半蹼滨鹬和喙最长的西滨鹬。而处于中间的两

种滨鹬，必须依靠其他特征进行识别。

　　大多数鸟之间存在着绝对差异，能够通过客观测量百分之百区分它们。假如鸟儿在我们手上，这是可以实现的。但是在野外，由于我们必须做出主观判断，同样的差异就变得不那么绝对。例如，一般来说，大黄脚鹬与小黄脚鹬相比，体型更大，喙部更长。如果它们在我们手上，我们可以通过挨个测量来清晰地区分，绝无体型重叠的可能。然而在野外，经常会出现两种黄脚鹬在体型上重叠的情况。也就是说，有一些黄脚鹬处于中间区域，体型大小实际上变成了一种平均差异。经验不足的观鸟者或许会认为体型在识别鸟类时毫无用处。随着经验不断丰富，通过体型做出的判断可信度会越

左图显示了西滨鹬（上二）和半蹼滨鹬（下二）的喙长范围。

来越高，但永远达不到百分之百的可信，即使是经验最丰富的观鸟者偶尔也会被黄脚鹬的体型大小迷惑。

鸟类特征重叠的程度也各有不同。有些平均差异很容易判断，能用来区分百分之九十九的鸟类，有些则很难判断，并且完全不可信，剩下的则处于中间区域。当你积累了一定经验之后，你能判断出这些野外识别特征的价值，自信程度随之提升，进而能对野外识别特征进行权衡。特征差异的可信度越高，其在鸟类识别过程中就越重要。

虽然某些辅助性特征都非常模糊并且易给人主观性的印象，在识别过程也几乎毫无用处，不过，观察这些特征还是非常有趣的。它们对于鸟类整体印象的形成还是起到了一定的作用，例如，西滨鹬的喙不仅比半蹼滨鹬的喙更短，而且也更细，尖端更下弯，这些细小的差异会使观鸟者形成对该种鸟特有的印象。随着观察的深入，一些辅助性特征会变得更加可靠，在一些较为复杂的情况下，它们可能会成为有力的证据 —— 细小的线索也能扭转乾坤。

将平均差异作为野外识别特征，意味着鸟类生活的方方面面 —— 行为、鸣声、季节、栖息地选择、迁徙时间等 —— 只要能体现两个物种的差异，都能作为野外识别特征。因此，识别一只鸟应基于对其外形特征、行为，以及观测的时间、地点的综合考量。上述种种特征均可在远距离进行短暂的观察和分析。

## 区分相似鸟种：长嘴啄木鸟与绒啄木鸟

讨论长嘴啄木鸟（*Picoides villosus*）与绒啄木鸟（*Picoides pubescens*）之间的各种不同特征，可以让我们从总体上了解运用野外识别特征对两个相似鸟种进行对比的方法，以及不同的野外识别特征之间的关联。

- **喙长** 长嘴啄木鸟的喙比绒啄木鸟的喙长，这一点毋庸置疑。但由于野外观鸟者必须依靠主观判断，因此，稳妥起见，我们最好换种说法，即长嘴啄木鸟的喙看起来相对长一点，这一判断在野外环境下并非百分之百准确。相较于各自的头部，长嘴啄木鸟的喙显得比绒啄木鸟的更长，这个事实能帮助观鸟者判断喙长，让判断喙长差异变得更简单，因此，也使得喙长成为最有用的单一线索。

长嘴啄木鸟（左）和绒啄木鸟（右），二者存在野外识别特征的差异。长嘴啄木鸟东部亚种色泽鲜亮，西部亚种则色泽偏暗，但二者也存在区别于其他鸟种的共同特征。

- **体型大小**　与绒啄木鸟相比，长嘴啄木鸟通常体型更大。但是，如喙长一样，在野外环境下，对体型的观察无法达到百分之百准确。对鸟类身体结构、强健程度、攀爬行为、捕食习性等方面微妙差异的印象，能帮助经验丰富的观鸟者判断鸟类的整体大小。

- **鸣声**　两种啄木鸟叫声各异。与长嘴啄木鸟相比，绒啄木鸟用于彼此联系的叫声相对音调低沉，警报的叫声更短、更弱且音调呈下降趋势，"敲树声"更缓慢和频繁。听出这些鸣声差异并对其进行评估需要丰富的经验，但只要不断地实践积累，你完全可以仅凭鸣声准确分辨这两种鸟。

- **尾羽**　在大多数情况下，啄木鸟可以通过外侧尾羽进行区分。绒啄木鸟的白色外侧尾羽具黑色横斑，而长嘴啄木鸟外侧尾羽为纯白。只有在纽芬兰和太平洋西北部发现的长嘴啄木鸟亚种的外侧尾羽有黑色横斑，与绒啄木鸟存在特征有所重叠。虽然外侧尾羽有时候不容易看清，但是对于观鸟新手而言，这也是最简单的野外识别特征了。除了纽芬兰和太平洋西北部这两个区域，这一野外特征在大多数地方都是非常可靠的。

- **脸部和胸部的黑色延伸**　与绒啄木鸟相比，长嘴啄木鸟脸部和胸部黑色斑块的面积更大。这些特征，尤其是胸部的黑色延伸，会随着鸟类的姿态变化而发生显著改变。长嘴啄木鸟从脸部延伸至喙部的黑色条带越连贯清晰，其喙部在人的印象中就越显细长，而绒啄木鸟面部断断续续的黑色斑块则不会有此效果。一般来说，在一定地域范围内，这种微妙的特征差异都是适用的，但在其他亚种的活动范围内，就不一定成立了。上述方法只能用于对同一地域内的鸟类进行比较，并且也只能作为一条辅助性的补充线索来考虑。

- **鼻须**　这两种啄木鸟的鼻孔上都有像鬃毛一样的一撮羽毛，即鼻须。绒啄木鸟的鼻须更浓密，长嘴啄木鸟的鼻须则颜色更浅且不明显。很可能正是因为这一特征，绒啄木鸟的喙部才显得较短，外表看上去"可爱"。长嘴啄木鸟的浅色鼻须凸显了其喙部的长度，而绒啄木鸟浓密的鼻须看上去像是截断了喙部，使其看起来更短。这是又一个辅助性的补充线索。仅有这一条特征线索，是不可信的，但如果和其他野外识别特征结合，可能会增加可信度。
- **觅食习性**　长嘴啄木鸟通常只见于高大林木的树干及粗大的树枝上，而绒啄木鸟则常见于小一些的嫩枝上，甚至在芦苇、枯干的野草中觅食。在西部各州，绒啄木鸟只见于河边林地，尤其是柳荫小道。这一习性并非一成不变，且容易混淆，但在一种情况下是绝对错不了的：在嫩枝上或野草茎秆上觅食的啄木鸟一定是绒啄木鸟。

## "格式塔"心理学 ①

"格式塔"（gestalt）一词的大意为"整体大于部分之和"。在

---

① 译者注：观鸟者通常称为"鸟的气质"。

鸟类识别中，这一概念被用来指鸟类各部分（包括各个细微、模糊的特征）之间相互联系所形成的特有整体外观。观鸟者可凭借经验，在脑海中为每一种类构建一个图像，包含其外形特征、行为等各个方面，从而形成对这一鸟种整体特征的印象。在这个层面上，我们的鸟类识别与我们辨认朋友的方法类似，即通过其面部的细微特征、身材比例和行为习惯进行识别。

　　许多观鸟者使用术语"jizz"，该词源于军事缩略语 G.I.S.，意思是"总体印象和形态"。其与"格式塔"在概念上是相似的，观鸟者们通常认为两者是可以互相替换的。这两个术语用于观鸟活动

左列为白冠带鹀（*Zonotrichia leucophrys*），右列为白喉带鹀（*Zonotrichia albicollis*），二者在不同的姿态和体型下的轮廓对比，有助于观鸟者塑造一个"格式塔"印象。

后含义得到了拓宽，囊括了鸟类所有细微的结构或行为上的能让观鸟者进行识别的线索，例如翅膀动作或翅振频率等。观鸟者应想方设法对此类线索进行详细的文字记述，而非随便拿一句"它的jizz（总体形态）没错"来敷衍了事。

格式塔实际上指的是一些转瞬即逝的、很难用文字描述的印象。

格式塔心理学的一个典型例子是在证券报价机或信息发布牌中，灯泡按照正确顺序闪烁，其组成的文字像是自己从显示器中移动出去的。这些零件——灯泡、电线、电流——产生的效果（动感）远不止是这些零件的简单叠加。同样的原理也适用于在野外观察鸟类外观，鸟的姿态、动作、羽色等共同组成鸟的总体印象，如果只是简单地罗列各部分细节特征，是无法将其描述清楚的。

白喉带鹀和白冠带鹀之间姿态和整体形态的差异，包含许多细节特征之间格式塔的相互作用。即便一些差异可以通过技术方式来分析和描述，但你的大脑仍读取了大量信息，并从各个角度将鸟类的外形特征和比例等细节差异建构成一个整体图景。因此，通常情况下，描述鸟类的大致形象，例如，说明某种鸟外形"瘦长"，或者姿态挺拔，抑或有细长的脖子等，是始终必要且大有裨益的。格式塔印象是由多种差异共同组合、构成的，清醒地认识这一点也非常重要。其中一些差异，例如鸟类在移动时，外形或比例上转瞬即逝的变化，或者其某些外部形态的显现，抑或某种特别的动作，虽然无法用语言记录下来，但仍然有助于观鸟者关注或识别此种鸟。

两组相似的种类，图示为脸部的差异：左上为歌莺雀（*Vireo gilvus*），左下为红眼莺雀（*Vireo olivaceus*），右上为普通海鸥（*Larus canus*），右下为环嘴鸥（*Larus delawarensis*）。

　　格式塔心理学的精妙之处在于，其还可应用于对一些相似种类的复杂面部特征（见上图）的识别中。就如同漫画家通过倾斜卡通人物的眉毛来展示漫画中人物的表情一样，不同鸟的面部特征也看起来像在表达不同的情绪。与红眼莺雀和环嘴鸥粗犷凶猛的表情相比，歌莺雀和普通海鸥的面部表情显得更加天真无邪、温和可亲。虽然其中某些差异可以用更加具体、客观的术语来描述，但这就要涉及从喙部的形状到眼睛颜色等更多细微的特征。正因为许多印象是由鸟类颜色、行为上的细微差异或许多不同角度的特征相互作用而产生的，所以任何描述都难以令人完全满意。

## 较小的平均差异

尽管格式塔印象真实存在且影响显著，但若是将其作为鸟类识别的唯一基础，未免显得过于"含糊不清"。格式塔在快速识别常见鸟类或寻找潜在的罕见鸟类时，是非常有效的手段，但是可靠的鸟类识别必须建立在对特征更加客观的分析之上。在非常相似的种类中，比如各种鸥类或者黑顶山雀（*Parus atricapillus*）和卡罗山雀（*Parus carolinensis*）（见下图），这些细微的主观印象对鸟类识别影响极大。在没有任何可靠的野外识别特征可以运用时，我们必须综合平均差异，对这些种类进行识别。

黑顶山雀（左）和卡罗山雀（右）。

一般说来，黑顶山雀头部相对较大，整体体型偏大，羽毛蓬松，尾羽相对较长，颈侧更白并且白色延伸至背部，背部的颜色更绿，两胁更有光泽，翼羽和尾羽更暗，羽缘更白（图案对比鲜明）。若是单独考量这些特征，则还不够真实可信，但若将它们综合考量，就会得出这样一个整体印象：黑顶山雀是一种体型稍大、羽毛蓬松、色泽绚丽、色彩鲜明的鸟类。观鸟者如果熟悉这两种鸟，应该能注意到，卡罗山雀与黑顶山雀是完全不同的，但想要证实它们之间的差异则非常困难。事实上，更加细致的观察可以更好地区分这些差异。

假设你在美国东南部地区发现了一只疑似黑顶山雀的鸟，但在东南部这种鸟其实非常罕见。你怎样判断？你应从各种识别特征中最可靠的翅形开始分析。关注其他额外的特征，能帮助你更好地进行识别。即使每个特征单独考量时只有百分之七十的可信度，但所有黑顶山雀的典型特征综合体现在一只卡罗山雀身上的概率也是很低的。辅助性的野外识别特征越多，识别的可信度就越高。

专业观鸟者们的脑海里已经形成了一种直觉的概念，即几个辅助性的特征综合在一起，就可以得出一个几乎确定的结果。例如，你可能观察到一群长尾的小鸟在郊区附近成群结队飞行，然后短暂地落在房子上方最高的那些树枝上。此时就可以判断：长尾的鸟有几十种，会在郊区上空成群飞翔的鸟也有很多种，但同时满足以上两项的只有家朱雀（*Carpodacus mexicanus*）。基于此，如果再观察到该鸟只在树顶端短暂停歇 —— 家朱雀的典型行为 —— 那么，你可以百分之百确定此为家朱雀。这样的识别没有运用传统意义上的野外识别特征，或许会让新手们困惑，但对经验丰富的观鸟者来说，这只是一个比较观察结果与已知行为特点并找出匹配鸟种的案例而已。

## 局部特征

假设你正透过一簇芦苇丛观察，仅能看到鸟的某些移动行为。例如从双筒望远镜中，你看到了星星点点的黑色和一抹红色，那么你就可以识别出这是一只红翅黑鹂（*Agelaius phoeniceus*）。这是一个运用局部特征进行判断的较为简单的案例。如果鸟的一部分被遮挡住了，你的大脑必须从一些可见的碎片化信息中构建出一幅完整图像来。

尽管这只鸟的大部分身体都被芦苇遮挡，经验丰富的观鸟者仍旧能够轻松地识别出它是红翅黑鹂。

同样的原则也能以更加抽象的方式适用于大部分鸟类识别。远处有一只飞翔的鸟，或许你只是大致看清了它的整体颜色、体型、翅膀比例、翅振速度和飞行姿态，但对于观鸟行家来说，以上这些零碎的线索就已经足够他们去匹配已知种类了。这些碎片化的特征被依次确认，汇总成对鸟的整体印象。

三个单词被故意遮挡住，以说明局部线索是如何被运用和误用的。

表面上看，观鸟行家貌似拥有辨别细节、慧眼识鸟的超能力，而你只能看到一片模糊。其实，秘决在于这些行家对鸟类的熟悉程度和对观鸟技巧的不断锤炼。其实人们每天都进行着类似的识别活动：通过走路的模样和脑袋倾斜的方式，你就可以轻而易举地辨认出亲朋好友；哪怕车辆大半个车身都被建筑物挡住，你也能分毫不差地说出远处车辆的品牌和型号；即使只是对某个模糊不清或者很远处的标志随便一瞥，你就可以准确辨认出这个熟悉的品牌。人的大脑非常强大，能够自动过滤干扰因素，并填补熟悉图案的细节信息，在鸟类识别方面也不例外。

即便如此，用这种方法去填补细节仍存在一定的误判风险。你会说服自己，确实看到了所必需的细节信息，然后就此得出结论。例如在上图中，虽然每个单词都有一部分被绿色颜料遮挡，但是，你应该能通过看得见的部分拼出一个单词，它们看上去都像"BIRD"。图中第一排的确只能是单词"BIRD"，因为显露出来的部分能够充分确认此判断。下面两排看来也很像"BIRD"，但是细致的观察者会发现，它们看上去或许还可能是其他单词，现有信息还不足以排除第二排是"EIRE"和第三排是"FIELD"的可能性。观鸟时也会发生类似的情况，从上述例子中不难看出，我们对结果的期待容易诱导我们做出错误的判断。

　　鸟类识别既是科学也是艺术。它涵盖了对鸟类外部形态、习性细节的主观印象，对野外识别特征和观察结果可信度的评估，以及为达到"最佳匹配"结论而进行的判断和论证。既要寻觅期待的目标，又不能因为内心的渴望而迷惑了对细微特征的判断 —— 观鸟者须在这二者之间不断找寻平衡。从最初学习观鸟时起，它就对观鸟者构成了挑战。随着经验的增多，观鸟者所面临的挑战会越来越多，而完成挑战后心理上的满足感，也会与日俱增。

# 4

# 识别误判

眼睛所看见的，无非是心灵想要去领悟的。

——亨利·柏格森

大部分种类识别误判有两种情形。其一，观鸟者对正常鸟类做出了错误判断或解读。其二，该鸟确实异常，例如可能为杂交个体或发生了白化病变。这两种识别误判的情形，以前者居多。

由于大多数识别是基于对细节的判断以及观鸟者的主观解读，如果观察时间极短或没看清，以致获取的线索过少，就很容易出现各种问题。获得"重大发现"和盲目得出毫无事实根据的结论之间存在清晰的分界线。一方面，内心对结果的期待会让你很快做出"最佳匹配"物种的判断；另一方面，又希望自己能够全面客观地考虑每种鸟的特征，自信地做出辨别。观鸟者必须在这两种心理之间寻求平衡。无论采用何种方法，你都必须清楚哪种野外识别特征才是可靠的，以及你所观察到的各种特征分别有多大的信息量。这不仅关乎野外识别特征本身的可信度，还关乎观察结果的可靠性。例如，你必须问自己两点："那种鸟的喙部是不是应该更长一些？""我对此判断有多大的把握？"

在观鸟时运用多个野外识别特征非常重要。即使有些野外识别特征起不到决定性的作用，或者你也不确定是否看清楚了，它们仍然可以为你获取最终的识别结果提供支撑性证据。许多识别误判都归结于观鸟者对某一单独的野外识别特征过分关注。你应当学会利用所有你能找到的有力的野外识别特征来证实你的判断。如果观察到的几项特征均符合某个鸟种的特点，那么，你将会对识别结果更自信。

确认你所参考的特征是各自独立的，这一点也非常重要。例如，"体型较大，翅振频率缓慢"或者"背部和尾部颜色更深"就可能是相互关联的几组特征，不能算有多种野外识别特征。体型偏大的鸟通常翅振频率更慢，无论是更大的鸟种，还是因其振翅频率缓慢而显得体型更大。一只鸟的某一部分色泽更深也许只是因为该鸟通体颜色偏深，因此"尾部颜色更深"这类判断的意义不大。而观察到相互独立的特征，例如"体型偏大，尾部颜色更深"，就可以算作两个不同的野外识别特征，并能为识别其种类提供更强有力的证据。

遗憾的是，草率随意的判别方式很容易使你的观察结果产生偏差。先假设一只鸟属于某一种类，然后草率地挑选能够对号入座的特点，出现误判就在所难免了。当星蜂鸟（*Stellula calliope*）第一次在新泽西州出现时，所有在野外看见它的人（包括我自己）都认定它是棕煌蜂鸟（*Stelasphorus rufus*）或艾氏煌蜂鸟（*Stelasphorus* sasin）—— 这两种鸟在野外几乎无法区分。随后通过比对照片才确认是星蜂鸟。当时，有些人对识别结果表示怀疑，现在回想起来，那只鸟的确具有星蜂鸟的鲜明特征。然而，彼时观鸟专家们凭第一印象便认定"这肯定不是星蜂鸟"，继而就认为它"很可能是棕煌蜂鸟"，于是，所有与此判断相左的证据都被自动忽略了。造成这一误判，部分是由于"棕煌蜂鸟比星蜂鸟更可能在秋天出现在东北部地区"的惯性思维。除此之外，11 月份于新泽西州某庭院观察到的星蜂鸟，与 8 月份在亚利桑那州（观鸟专家们在此地发现了星蜂鸟）看到的星蜂鸟"外表"看起来不太一样。许多出现在其分布区之外的鸟很容易被误判，因为一开始对其进行识别之时，观鸟者就草率地假设这只鸟为本地某常见的鸟种。

在更平常的情况下，同样的事情也经常发生。观鸟新手经常发现了罕见鸟类，却猜测它们只是常见鸟种的异常个体。多数情况下，观鸟新手的此类误判，源于一开始对鸟类体型大小、出现概率或其他细节的错误假设。观鸟者在面对一只小型的鹬时，会基于其细长下弯的喙，得出"这是一只西滨鹬"的结论；而事实上，这或许只是一只体型偏大、喙较长的黑腹滨鹬（*Catoptrophorus alpina*）。导致这一类误判的原因在于最初的错误假设，认为这只鸟是西滨鹬、半蹼滨鹬或者美洲小滨鹬，而忽略了其是黑腹滨鹬的可能性。

相反，将普通鸟种误认为罕见鸟种的情况也时有发生。观鸟者可能观察到了某件有趣的事，比如说一只体型巨大的隼飞过，于是便兴奋地得出结论：这可能是一只矛隼（*Falco rusticolus*）—— 一种在遥远北方常见的鸟。然而此时，接下来需要做的是停下，从头开始，客观地核对每一个特征。但大多数情况下，观鸟者因太过兴奋，往往执迷于自己的第一印象，故而试图千方百计地证明自己的识别结果，说服自己确实看到了一种罕见的鸟。如果只是匆匆一瞥，往往难以更加细致地比对，观鸟者可能会选择强调对预期识别结果更加有利的细节："是的，它的尾羽看起来的确很长，而且羽色较深，'感觉'不太像游隼（*Falco peregrinus*）。"其他看得不是太清楚，却指向该鸟是游隼的野外识别特征 —— 尖尖的翅膀，或看似对比鲜明的白色脸颊 —— 都统统被忽略了。

当很多观鸟者同时看一只鸟时，这一问题或许会导致某种程度的"集体臆想"。只要某一人暗示这只鸟肯定属于某一种类，其他所有人也会产生同样的期待，随后，他们仅仅寻找能够证明期待的野外识别特征。在这方面，加利福尼亚州有经典案例：该州新出现的云雀（*Alouda arvensis*），在出现后数天内，一直被数百位观鸟者误判为该州的第一只黄腹铁爪鹀（*Calcarius pictus*）。虽然这两种鸟有极其相似的外表，但实际上，根本就不属于同一科，通过多处细节特征就可以进行区分。首位观察到该鸟的观鸟者期待一只黄腹铁爪鹀出现在加利福尼亚州，反而根本没有考虑出现云雀的可能性。于是，在接下来的几天里，大多数想去观察这只鸟的人都抱有同样的期待，受先入为主判断的影响，他们都认为正在寻找的就是一只"确定无疑的"黄腹铁爪鹀。

和其他野外识别特征一样，内心预期虽然具有相对性，并且存在普遍的差异性，却也是进行快速识别的最有效、最强有力的线索之一，因此也是观鸟者最重要的手段之一。但观鸟者不能完全依赖内心预期，带着偏见去观察一只鸟。如果你内心已经预设其属于某一类，并且只是选择性地去关注那些能证明预期识别结果的细节特征，那么最终必然导致解读错误。你应当谨慎处理内心的期待，独立、客观地开展每一步观察。切忌草率地做出识别判断，除非每一项证据都确凿无疑。

**判断体型大小**

许多识别错误是由于体型大小常被误判。雏鸟在孵化之后的数周内，即可长至正常成鸟的体型，此后，体型会保持不变。这一规律使得体型成为一个较有价值的鸟类识别线索。然而，在野外判断体型大小存在一定的难度，使得这一个线索常常遭到不当解读。

判断体型大小时，应格外谨慎仔细。鸟单独出现时，判断其体型往往会出现误差。相对于更加"正常"的环境，当鸟身处陌生的环境时，其表现可能大相径庭。要想准确地判断鸟类的体型大小，观鸟者就必须从多角度、多方面对其深入细致地对比分析。

"体型大小"这一术语本身就模棱两可。它既可以指总的体长、体积、体重，也可以指飞翔中鸟的翅长和翅宽。因此，应尽量避免给出一只鸟看起来比另一只鸟"大"这样的描述。相反，我们应该用更加详细的描述，例如体形更大、颈部更长、翅膀更宽、头部更大等。以上每一种特征都会让一只鸟看起来比较大，相比"总体大小"这样的描述，上述每一个描述都更加准确。

颜色也会影响我们对物体大小和形状的判断。相比于体色与背景颜色相似的鸟，体色与背景色形成鲜明对比的鸟看起来体型更大。举个例子：一只典型的喙部大部分呈黑色的白嘴端凤头燕鸥（*Thalasseus sandvicensis*），与一只喙部呈黄色的"卡因"白嘴端凤头燕鸥（在加勒比地区和南美发现的亚种）作对比；在同样的灰色背景下，黄嘴"卡因"白嘴端凤头燕鸥看起来体型更大一些，体重也似乎更重。由于对喙部长度及形状的精准评估在识别鸟类时发挥着重要作用，这一潜在规律的重要性不言而喻。

判断体型大小时，如果仅仅和一只或几只其他鸟作比较，应格外谨慎。判断结果可能并不全面，也许还会给人错误的印象。同时，也应考虑各种环境因素对表现体型的影响。温度或其他因素的改变会导致鸟的羽毛排列发生变化，因此鸟的体型也有可能改变。当一只鸟与近距离的树木或其他物体处于同一水平线时，人的大脑

白嘴端凤头燕鸥，图示说明喙的颜色是如何影响其表观体型（apparent size）大小的：典型的白嘴端凤头燕鸥（左），"卡因"白嘴端凤头燕鸥[1]（右）。

———————

① 译者注：白嘴端凤头燕鸥的一个亚种。

会认为这只鸟离得很远，而且看起来要比在没有参照物的情况下，从头顶上飞过的体型更大一些（这和月亮接近地平线时看起来更大一些的错觉类似）。雾或霾也都会让鸟看起来离得更远且体型更大。与白天相比，黄昏或黎明时分飞翔的鸟看起来翅振频率更快，整体体型更小。任何会改变鸟类飞行方式的身体状况变化，如换羽等，都会影响我们对其体型大小的印象。

"大小错觉"是一种光学错觉，即通过高倍望远镜观察同样大小的物体，远处的比在近处的看起来更大一些。这对通过望远镜或照片研究鸟类，并判断鸟类在体型方面的细微差别的人来说，可能会产生较大的影响。当你透过双筒或单筒望远镜判断鸟类体型大小时，应保持清醒，并采用其他的补充识别特征。

天气也会影响对鸟类大小的判断，因为鸟类会根据气温变化将羽毛抖得蓬松或整理顺滑。风也对鸟类的外观影响很大：栖息在树上的鸟会蜷缩成一团，迎风站立；飞翔中的鸟可能会变换其在风中的姿态和飞行方式；逆风飞翔（或在无风状态下正待快速飞行）的鸟会聚拢其全身的羽毛，将翅膀收缩得更靠近身体，呈现出更加流畅的流线型。相比在无风状态下，逆风飞翔的鸟翅振会更加有力，幅度更大，频率也更快。鸟类逆风飞行时也更倾向于离地面近一些（因为地面风速较低），并且当风令鸟在空中四处颠簸时，它们也会在飞行中骤然改变线路。发生在从身体外观、翼的外形到飞行方式上的所有这些变化，都会让鸟看起来大为不同。判断一只在远处飞行的鸟的体型大小，还要参考其移动速度以及风使鸟颠簸的程

普通燕鸥（*Sterna hirundo*）在无风状态下的正常飞行方式（左），以及在有风状态下调整后的飞行方式（右），显示出环境对体型大小判断的影响。

度。显然，只有将该鸟与处于相同风力环境下的其他鸟进行直接比较，才能判断出这些因素。

**判断比例**

比例是相对的，我们观察鸟的喙部大小是相对于头部而言的，描述翼展是相对于体型大小而言的，以此类推。某一部分的尺寸变化会明显地影响另一部分的相对大小。从蓬松、圆润到顺滑、扁平，鸟要完全改变外形只需要通过肌肉控制羽毛，在短短几秒钟之内就可以完成。要想准确地判断比例，需要多角度地深入观察。在某些情况下，即使你观察一只鸟已经好几个小时，它仍然不一定会展现其所有的姿态。例如，在天气较冷时，鸟会让头部和身体的羽毛一直保持蓬松状态，以抵御寒冷，这使得它的喙看起来比在天气暖和、羽毛顺滑时更短一些。下图所绘的银鸥（*Larus argentatus*）头部，生动展示了头部羽毛是如何在蓬松时使喙部看起来较小，而

银鸥头部形状和
比例的变化对喙
部表观尺寸产生
影响。

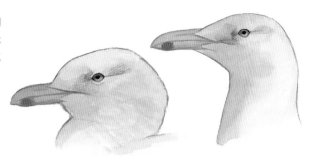

在顺滑时使喙部显得较大。

　　在野外观测鸟类某一部位长度的简单方法，就是将该部位与身体比较。例如，与其考虑大黄脚鹬或小黄脚鹬喙的实际长度，还不如对比一下从喙基部到尖端的喙长是否大于从基部至后脑的头长。如果喙长大于头长，那这就是大黄脚鹬。而长嘴啄木鸟、绒啄木鸟以及其他短喙鸟类，从喙基部到眼的距离可以用作测量它们喙长的客观标尺。此方法亦可以用于区分所有比例不同的鸟种，以及充分利用鸟种之间存在的比例差异作为判断依据。例如相对于冰岛鸥（*Larus glaucoides*）而言，北极鸥（*Larus hyperboreus*）的喙部略长，翼长略短。对比喙长与翼末端到尾羽末端的长度，或许能让你百分之百区分出这两种鸟。

　　观察鸟类时应注意近大远小的问题，像判断尾羽长度这样简单的任务也会因为观察视角不同而受到干扰。最简单的解决方法就是观察鸟类的不同姿态，对其实际比例有清晰的了解。在某些情况下，我们很难看到完整视角下的鸟，例如，在喂食器周围，我们只能从一个角度观察到鸟，或者在野外，所有鸟都迎风而立。在观察不够全面的情况下，切不可对所观察的鸟妄下结论。

## 感知颜色

人所感知到的物体颜色都是与其周围环境的颜色密切相关的。如下图所示，背部长有灰色羽毛的同一只西美鸥（*Larus occidentalis*），分别出现在昏暗和光亮的背景中，两者形成了鲜明的对比。当背景颜色较淡时，背部的颜色看起来更深；当背景颜色较深时，背部的颜色看起来更浅。这就解释了为什么在冰雪的衬托下，西美鸥的灰色羽毛看起来比其他时候颜色更深。除此之外，环境背景色也会影响你对灰色的感知。在蓝色背景下，灰色会呈现出一点淡淡的黄橙色调；在黄色背景下，灰色又会呈现一点微弱的蓝色色调。在野外观察中或许不会经常看见这一现象，但还是应当记住基本的一点：许多因素都会影响你对颜色的感知。

不同的环境背景颜色，对西美鸥背部羽毛的表观颜色产生了影响。

　　光线对颜色的感知影响很大，而我们对这种变化已经司空见惯。例如，在背光的情况下，我们看到的只是鸟的背景轮廓，而无法分辨其颜色。虽然光线的影响有时不太明显，但是我们在观察时必须将其考虑进去。鸟的外表取决于光线等多个变量，因此你应当尽可能在不同的光线变化下，持续地观察一只鸟，以对其颜色有一个全面的了解。

　　下图显示的是在两种极端光线情形之下的黄腹纹霸鹟（*Empidonax flaviventris*）的表观。正午时耀眼夺目的阳光可能会冲淡一些较暗的颜色，比如黄色和橄榄色，此时鸟类身上显露出对比强烈的明暗色彩。而散射光，包括略显阴霾的天气或破晓和黄昏时分的光线，则能更好地显示黄腹纹霸鹟美丽细微的颜色。这两种不同光线下的同一只鸟，一个看起来略带淡黄色，一个看起来全身呈现橄榄黄色。如果不考虑光线的影响，它很有可能被认为是两只不同的鸟，甚至是两种不同的鸟。

在光线明亮时（左）和光线柔和时（右）的黄腹纹霸鹟，显示出光线强度对颜色感知产生的影响。

光线的其他影响，包括日落时分漫天遍野的黄色和橙色阳光，使得鸟的喙部或羽毛因反射亮光而看起来像是白色或近似于白色，这种情形即使在颜色较深的乌鸦身上也可能发生。有些鸟的羽毛尤其容易反光，比如普通海鸥，其在飞行转向时，整个上翼表面可能会时不时反射出银白色的光。很多鸟（也许是所有鸟）所呈现出来的颜色会随观察角度的变化而有所不同，但一般情况下，光线的影响还是比较微弱的。然而，在观察西美鸥时，哪怕是背部灰色的细微变化也能带来较大的影响，不同的观察视角也的确会影响所感知到的灰色的深浅。

银鸥，面向观鸟者时身体角度不同，其灰色羽毛深浅各异。背对观鸟者的鸟往往看来颜色更深。

鸟类羽毛颜色可以出多种色素①（红色、黄色、黑色、棕色等）或羽毛表面的结构所致，通过物理散射（蓝色和亮绿色）或者结构色②反射（如蜂鸟的绚丽色彩或者鹩哥的鲜亮光泽）形成颜色。不

---

① 译者注：色素色（pigmentary colour）。
② 译者注：结构色（structural colour）。

管角度和光线如何变化，由色素形成的颜色看起来都很相似，而结构色则更容易受到光线变化的影响。在光线昏暗或逆光的情况下，靛蓝彩鹀（*Passerina cyanea*）或斑翅蓝彩鹀（*Guiraca caerulea*）身上的亮蓝色几乎看不清。雄性蜂鸟颈部羽毛（或斑纹）可以直接反射正面的单色光。一只鸟的黑色颈部羽毛可能看起来颜色黯淡，也许从某一角度看还掺杂一点黄绿色，但是它转过头来正对着观鸟者时，马上就展现出一抹鲜明的色彩。

　　反射光也是困扰观鸟者的另一个因素。一些从鸟类身上反射出去的光就是从周围其他反光表面反射过来的，这会使得其他物体表面的颜色和亮光转移到这只鸟身上。因此，在天气晴朗的日子，从地面观察雪地上空掠过的鸟，其犹如聚光灯加身一样，闪闪发亮。而在绿树成荫的树林中，周围的树叶往往会给鸟类染上一层绿色。燕鸥在飞过绿色或蓝色的水面（尤其是热带的蓝色水域）时，它们白色的腹部就会反射出水的颜色。雄性蜂鸟喙的底部还可以反射其颈部的红色或紫色。

斑脸海番鸭（*Melanitta fusca*）。在背景光线较亮时，从远处观察，逆光的效果"淡化"了其白色翼斑。

　　逆光是观鸟者最常遇见的挑战。许多鸟常现身在光线昏暗的背景下，这时只能根据其体型大小、形态特征以及我们竭力看到的剪影进行识别。在某些情况下，翼上半透明羽毛的斑纹可以提供一些线索。我们应谨记，在这种情况下，逆光可以改变我们对鸟体型和形状的印象。与颜色柔和的背景相比，在颜色对比鲜明的背景下，鸟的轮廓会显得更大。同时也应注意，强烈的逆光可能会模糊轮廓中颜色较淡的边缘，让鸟的某些部分看起来比正常情况下更加瘦小。前页图所示的斑脸海番鸭，其白色翼斑几近消失，从远处看，我们只能凭借"狭窄的翼"将其辨认出来。

## 识别异常鸟类

　　有时，你会发现有些鸟并不符合标准分类。虽然这种案例很少见，且大多数情况下也非常明显，可能只会让人困惑一时，但有时也会在观鸟者中引发持续不断的争议。

　　鸟类外观在任何方面发生的变化都可能导致鸟类个体特征介于两个相似的种类之间，或者表现出相互矛盾的特征。其中一些可以凭借细致的分析加以识别，有些则不行。但是，异常的鸟仍是极少数的，当且仅当其外形特征不符合其他所有可能种类的特征时，才能考虑将其划归为异常。

　　第一个挑战是关注异常鸟类。由于在观鸟的过程中，观鸟者通常是先将鸟类与一些关键的野外识别特征加以比对核查，然后再进行下一步。因此，一只鸟，比如一个符合某些预期特征的杂交个体，就很容易被观鸟者忽略，即便它显示出了其他前后矛盾的明显特征。

### 判断羽色异常

最常见的羽色异常状况是羽色的白化（albinism）和淡化（dilute）。这两个术语都是指由于羽毛中色素减少，鸟类看起来通体呈白色（完全白化），全身布满白色的斑点（局部白化）或整体颜色褪变成浅灰色或黄褐色（羽色淡化）。

有些是因为一些特定的色素缺失。有记录显示，观鸟者曾发现有些鸟体上所有的黄色素全部缺失，但翼正常，或者有些鸟的全部或部分羽毛缺少黑色素或棕色素，但仍正常存活。另外，某种色素含量异常增多，会导致鸟儿全身漆黑（即黑变病 —— 黑色素过多）或变成深棕红，或者因其他色素增高而整体变色。

色素缺失的原因很多，多数情况下，都体现在羽毛上。除局部白化（白斑）或羽色淡化（全身呈淡黄褐色）的鸟以外，普通观鸟者遇见羽色异常鸟的概率相对较低。

有时，鸟的头部或腹部会沾染上石油或其他化学物质，这些污渍会让鸟看起来似乎羽色异常。

如果怀疑某只鸟羽色异常，观鸟者就不能再将其颜色作为野外识别特征，而应基于对其体型大小、身体结构、习性行为、鸣声，或羽毛斑纹等信息进行的识别。

### 判断喙部异常

少数情况下，鸟类因受伤或其他各种原因，喙部会变得畸形。鸟的喙实际上是从基本骨骼结构延伸出的角质鞘，通过不断磨损，保持合适的长度。任何影响喙部尖端正常磨损的情况，都会导致喙部不停生长，最终长成奇形怪状、严重异常的喙。比如，杓鹬就有向下弯曲的、极长的喙部，甚至山雀也有异常的喙。

### 判断体型大小异常

体型大小异常的鸟类（鸟中"巨人"或"侏儒"）非常少见，其寿命也可能较短。有少量的案例记载体型大小异常的鸟类，但这一情况仍旧非常罕见（像是系统误差），观鸟者完全没必要担心会遇到。

### 识别杂交个体

杂交个体比我们想象的还要普遍，但它经常被观鸟者忽视，因为观鸟者在观察时只简单地过滤掉了"明显不符合"的特征。杂交个体还会因为它们与其亲代物种太相似而被忽视。识别杂交个体是一个复杂的过程，要求对该鸟的各个方面进行细致的观察。许多杂交个体包含了两个亲代鸟种的共同特点，但另外一些则显示出了让人意想不到的特征。杂交个体的变种也相当多，即使是同一巢的不同个体，也可能会表现出不同的特征。对于一个兴趣浓厚且积极上进的观鸟者而言，观察杂交个体将会是一个不可多得的挑战。它会迫使你去甄别可能的亲代鸟种，找出二者之间的差异，然后将这些差异与杂交个体的特征做对比，来判断个体是否为这两种鸟的杂交后代。但是，即使经过深入分析，大多数杂交个体也只能贴上"可能是"或"疑是"的标签。

### 识别饲养和逃逸的鸟

观鸟新手第一次去公园时，往往会为看到的鸭子或雁所困扰，因为这些鸟完全不符合野外指南上的描述。某一鸟种（尤其是绿头鸭）被捕捉和饲养的个体，与野生状态相比，会出现一系列变化。这些鸟在羽毛和身体构造上会发生巨大改变，以致于很难想象它们与种内野生个体属于同一种类。但是这些鸟通常只出现在城市或郊区公园，一旦观鸟者分析过后，就不会再受其困扰。

来自世界各地的其他鸟也会偶尔出现在野外。这些鸟从各地的动物园或者私人笼中逃逸出来，其中很多逐步适应环境，并已留在野外生活。如果你发现一只鸟长相奇特、彷徨张望，你可以尝试查看一下世界其他地区的鸟类观察手册，看看它是否来自其他大洲。不要轻易认为这仅仅是一些逃逸的鸟，许多来自世界其他区域的迷鸟也会独自飞到北美洲。

# 5

# 识别罕见的鸟

作为大众的你，若认为自己发现了一只罕见的鸟，那你应自问：

识别结果正确与否？

你是否能为你的发现想出其他的或更加合理的解释呢？

你所看到的这些识别特征是否可以帮你毫不迟疑地推断出其为罕见鸟的结论？

你是否对自己绝对诚实？内心是否有标新立异的冲动？

——引自《不可思议研究年鉴》（*Annals of Improbable Research*）

勺嘴鹬（*Eurynorhynchus pygmeus*）是北美洲最罕见的和最受追捧的鸟类之一，与西滨鹬一起。

　　寻找罕见的鸟是执着的观鸟者们的主要目标之一。对不期而遇的罕见鸟进行定位并予以命名，是一件极具挑战性且令人兴奋不已的事情，这就要求观鸟者们具备本书中所提到的各个方面的经验。

　　为了积累所有可能的鸟种的观察经验，观鸟者要做好在野外待上数小时的准备。观察各种鸟在正常和非正常状态下的形态，会提高你发现罕见鸟的几率。提前熟悉你所在区域以往出现的鸟类，也会对观察有益。

　　你必须非常仔细地核对所有可能的野外识别特征，并考虑其他所有的可能性。确保你所参考的野外识别特征本身是可靠的且确实看清了的，而对此进行判断同样需要丰富的经验。

　　报道自己发现了罕见鸟类，需要承担一定的责任：其他观鸟者很可能会花费时间、金钱前来探寻这种鸟，而且你的报道可能意义大到被发表，即成为科学的一部分。如果你坚信自己发现了一只罕见的鸟，请认真进行研究；尽量使用照片、视频或录音将其记录下来；对鸟本身以及观测地点周边环境做好详细的记录。另外，应尽快告知其他观鸟者。

# 6

# 鸟类分类学

> 在逐步了解鸟类的形态及其生活习性之后……我感到，同一科的鸟种之间必然存在某种程度的亲缘关系，并且这种亲缘关系无论从哪个鸟种身上都能明显地看出来。
>
> ——约翰·詹姆斯·奥杜邦

当对鸟进行细致的分类时，非常有用的一点就是应认识到，鸟类学家们已经对分类的问题开展了长达数百年的研究。生物分类学即对生物的分类和命名，它主要是基于物种之间根本的相似性和差异性来阐明生物间的演化关系。一些近缘的种归类为属，相近的属又隶属于科，相近的科构成了目，相近的目又构成了纲。

现代生物分类学很大程度上依赖于 DNA 分析，但分类学家也会基于鸟类外部形态和行为的相似性对其进行鉴别，而这也是观鸟者在野外区分鸟的依据。了解这些分类，并清楚将种合成属、将属合成科的各个特征，观鸟者将受益匪浅。

仅仅凭借生活习性甚至仅凭颜色等较为浅显的相似性就对鸟进行分类，这种追求"简化"的急躁心态会使那些将演化上存在亲缘关系的物种关联在一起的重要本质特征变得模糊不清。大家都认为，鸭类、骨顶鸡类、潜鸟类、鹧鹕类、䴙䴘类拥有某些共同的习性和特征，因而经常被观鸟者误判。将它们归至各自的科则是强调了它们在体型大小、身体结构、羽毛特点、营巢、夜栖、觅食方式、鸣声、飞行姿态等方面的差异。各种差异特征远比相似特征更有价值，了解鸟类分类方法可以帮助你透过表面的相似性看到它们的本质差异。

你会发现，大多数关于鸟类的书或附表都是以相似的顺序排列。这一顺序是由分类学家决定的，目的在于将亲缘关系较近的鸟归纳在一起。而亲缘关系较远的鸟在表中往往都会隔得很远。实际上，鸟类的亲缘关系会形成一个类似于家谱的分支树。将如此纷繁的关系总结成一个线性表是非常困难的，而且，该表还能够传递出

四种涉禽：从左至右分别为大蓝鹭（*Ardea herodias*）、夜鹭（*Nycticorax nycticorax*）、姬苇鳽（*Ixobrychus exilis*）、沙丘鹤（*Grus canadensis*）。很少有人能猜到大蓝鹭、夜鹭和姬苇鳽关系较亲，被归为同一科，而沙丘鹤在身体结构、鸣声、行为习性各个方面与前三者都有差异，被归为另一科。

大量关于鸟类演化关系和共同特征的信息。鸟类分类学是构建出了各种鸟之间异同关系的最重要系统。

## 鸟类命名

鸟类的俗名在漫长的使用过程中也在不断发展。这些名字只是为了方便识记，并没有更深层的意义，有些甚至根本不合适。一些鸟类是以人的姓氏为名，如奥杜邦黄莺，英文俗名为 Audubon's Oriole[①]；有些则是根据地理位置进行命名，如加利福尼亚鹑，英文俗名为 California Quail，是常见于加利福尼亚州的一种鸟类[②]；又如康涅狄格莺，英文俗名为 Connecticut Warbler[③]，实际上在康涅狄格州是一种比较罕见的鸟。有些是根据其栖息地命名，如长嘴沼泽鹪鹩（*Cistothorus palustris*）常见于沼泽湿地，而棕榈林莺（*Dendroica palmarum*）其实不在棕榈林中生活。有些鸟类则是以其鸣叫或鸣唱命名的，如三声夜鹰（*Caprimulgus vociferus*），鸟如其名；角鸮类[④]，其叫声尖锐。还有一些则是因其与其他毫不相关的鸟外表相似而命名，如黄眉灶莺[⑤]（*Seiurus noveboracensis*），其实并不属鸫类；夜鹰其实并不属鹰类。由于鸟类俗名定于一百多年甚至更久之前，那时的鸟

---

[①] 译者注：即黑头拟鹂，是为了纪念著名鸟类学家奥杜邦。

[②] 译者注：即珠颈斑鹑（*Callipepla californica*）。

[③] 译者注：即灰喉地莺（*Oporornis agilis*）。

[④] 译者注：很多角鸮的英文名包含 Screech owl，有叫声尖锐的含义。

[⑤] 译者注：黄眉灶莺英文名为 Northern Waterthrush，属于森莺科（Parulidae），不属于鸫科（Turdidae）。

类研究涉及猎物和博物馆标本，因此，有些鸟被命名为黄腹吸汁啄木鸟（*Sphyrapicus varius*）、环颈潜鸭（*Aythya collaris*）、纹腹鹰。然而，这些名字所描述的特征，只有把鸟拿在手中时才能看清，这些特征在野外是很难或几乎不可能被观察到的。除此之外，对于同一种鸟，世界各地的俗名也各不相同，例如，灰鸻（*Pluvialis squatarola*）在美国被称为 Black-bellied Plover，而在英国则被称为 Grey Plover。

虽然鸟的学名不易使用，但对观鸟者来说，却更有价值，因为它们会传递出各种类之间相互关联的真实信息。学名遵循命名法的规则，在世界范围内都实行统一标准，因此可以跨越语言差异的障碍。学名的第一个单词（通常首字母大写）为属名，第二个单词（首字母小写）为种加词。例如，半蹼鸻的学名是 *Charadrius semipalmatus*。它的属是 *Charadrius*，其专用名 *semipalmatus* 则用来将其与其他同属种区别开来。属名常常会使用缩写，所以你或许会看到半蹼鸻的学名 *Charadrius semipalmatus* 被缩写为

五种鸻鸟分属于两个"属"，从左至右依次为：半蹼鸻（*Charadrius semipalmatus*），笛鸻，双领鸻（*Charadrius vociferus*），灰鸻，美洲金鸻（*Pluvialis dominica*）。鸻属、斑鸻属和麦鸡属构成了鸻科，鸻科又与其他八科（包括鹬科、鸥科、海雀科等）一起构成了鸻形目。

"*C. semipalmatus*"。其他同一属的鸟还包括：笛鸻（*Charadrius melodus*）和双领鸻（*Charadrius vociferus*）。

既然知道了以上这些鸟归为同一属，你就可以判断它们相互之间的共同之处比与其他种类（比如斑鸻属的灰鸻或者美洲金鸻）之间的要多。斑鸻属通常体型更大、体重更重、翅膀更长、个体之间羽色迥异，在鸣声和习性等方面也都有所差别。根据英文俗名，我们看不出 Killdeer 是双领鸻并属于鸻属，与半蹼鸻（*Charadrius semipalmatus*）等其他鸻属在外部形态、身体结构、叫声和习性上有很多相似之处。同时，我们从英文俗名上也无法看出 Black-bellied plover（灰鸻）和 American Golden-plover（美洲金鸻）较为相似，而与半蹼鸻（Semipalmated Plover）、笛鸻（Pipling Plover）则相去甚远。

查阅鸟类观察手册时，观鸟者应当对属名多加注意。只要你了解某一属的特征，就可以将其运用到其他同属的鸟身上，并将其与其他属的鸟作比较："所有的鸻属与斑鸻属的不同之处在于……"以属的角度而不以种的角度去观鸟，可以帮助你记住同属鸟的共有特征。

## 鸟种的概念

对某一鸟种的具体定义，一直以来都是在鸟类学家们不断的讨论和修改之中完成的，官方的鸟类名录也会一直变化。对于新发现鸟种的认定以及现有种类的归类合并等事宜，是由美国鸟类学家联合会（American Ornithologists' Union，AOU）下属的一个委员会来决策的，这些决策都会在《美国鸟类学家联合会北美鸟类名录》（*AOU Check-list of North American Birds*）中予以发布。

我们可以将"种"大致定义为：一群在身体构造、外部形态、习性、鸣声和 DNA 方面有相似之处，并且倾向于互相交配和繁殖，而不是与其他相似种类交配和繁殖的群体。值得注意的是，种间杂交的情况确实存在，但大多数鸟还是倾向于与同种进行交配。物种的演化和形成是一个持续进行的自然过程，许多"不明确"案例只能通过美国鸟类学家联合会的鸟类名录委员会仔细考量所有证据后，才能进行确定。新发现的证据以及观点的转变都会改变鸟类的分类。例如，橙腹拟鹂（*Icterus galbula*）和布氏拟鹂（*Icterus bullockii*）在相当长的时间内被认为是两个种；但在 1973—1995 年之间，却被归为同一种——北方拟鹂；随后，又被重新分为两个种。

分类地位明确的鸟，比如红胸䴓（*Sitta canadensis*）和白胸䴓（*Sitta carolinensis*），两者在结构、羽毛、鸣声、习性以及其他许多细节上一直都存在差异，且不会进行种间杂交；而分类地位不明确的鸟，如灰翅鸥（*Larus glaucescens*）和西美鸥，两者差异甚小且有许多相同特征，种间杂交频繁。

亚种

如果对种的定义似乎有点模糊不清，那么对亚种的定义则会更加模糊。亚种指的是所有经过鉴定、无法达到一个种水平的那些鸟。这些鸟生活在一定的区域内，地理界限明确，并且该区域的鸟均显示出亚种的特征。出现在某些鸟种中比例较低的异常个体，如红尾鸳的深色型个体，则不应该被认定为亚种。亚种之间在羽毛、鸣声、结构、习性甚至 DNA 方面也会有差异，但由于种内个体间差异很小，无法区分，因此亚种之间的交配也非常频繁。不同亚种的特征与气候条件，如降水、湿度或气温等密切相关，在留鸟中较为常见（留鸟比迁徙鸟类更容易发生地理隔离）。北美洲西部出现异常鸟的概率很高，该区域小范围内气候条件都存在巨大差异，绵延的山脉将各种鸟类相互隔离，这些鸟大部分都是留鸟。在大多数案例中，亚种之间的差异是极小且渐变的（差异随地域远离而愈发明显）。

美洲不同地区的歌带鹀（*Melospiza melodia*）都有所不同，目前已有 29 个或更多的亚种，但这些亚种只在大小、颜色和羽毛斑纹密集程度等细节上存在差异。歌带鹀亚种之间在羽毛图案、身体结构、鸣声和习性等方面并没有多大差异。更重要的是，所有歌带鹀的亚种可以相互自由交配。

识别亚种是一个收获丰厚、令人兴奋的挑战。然而，中间型鸟类的大量涌现，让识别变得更加复杂。不管这些鸟是否是两个亚种之间的过渡个体，还仅仅是某亚种的异常个体，事实上，它们都使亚种识别变得更加困难。许多识别亚种的尝试必须附带上限定词，如"可能是"或"显示出……的特征"。尽管史蒂夫·N. G. 豪厄尔（Steve N. G. Howell）仅仅写了两种鸟——泰氏银鸥（*Larus thayeri*）和冰岛鸥，但是他对亚种识别的困难进行了总结："我们只有将它们区分开来，才能了解到它们在多大程度上进行种间杂交，但种间杂交又使我们无法对它们进行区分。"

# 7

# 运用行为线索

乌鸦模仿鸬鹚，终将招致溺亡。

—— 日本谚语

了解鸟类的行为习性能帮助你识别不同的鸟。当然，你通常得到的只是信息，但信息可以让你更好地了解不同鸟种在羽毛和形态结构方面的差异。翼的形状的细微差异可能与不同的飞行姿态有关，而飞行姿态的差异可能与食性选择或迁徙规律有关。鸟类对环境的适应能力很强，其多数特征与其行为习性息息相关。

时刻留心鸟的习性和栖息地（在同样的环境下你能看到同种的鸟），观察其羽色，留心周边植被 —— 植物种类和结构。很快你便能观察到不同鸟类之间的细微差异，培养出一种"直觉"，能预料在每一个位置可能会看到哪些鸟，或者某种鸟会在哪里出现。

不同区域的鸟，其行为习性普遍存在差异。特定的生活环境和食物类型，让鸟有独特的行为方式。研究本地鸟时所观察到的特征可能是本地鸟所特有的，故而这些线索放在其他地方就不那么可信了。比如，经验丰富的观鹰者会在本地观测点琢磨出一整套细致、近乎潜意识的鹰类辨识特征，一旦到达一个陌生的观鹰点，他们会因鹰在飞行姿态、飞行路线、观测视角或光线角度等方面的一些细微差异而完全不知所措。

## 觅食行为

鸟类最重要的一项任务就是觅食。鸟类的大部分生理结构与其寻找和捕获食物的行为密切联系，其觅食行为与其身体构造密切相关。诸如此类的例子不胜枚举，如鹰类各种不同的翼形和鹬类不同的喙形等，都与食物选择和觅食行为有关。正是由于这些差异的存在，每个鸟种都有其特定的觅食方式。

如果你观察鸟类喂食器，就会发现每种鸟都有其特定的食物选择和进食方式。山雀类偏爱葵花籽，会飞过来抓取葵花籽，然后逃之夭夭。金翅雀类喜欢啄食蓟的种子，会静静地停在那里啄食，饱餐一顿。麻雀类则喜欢吃小米，会在地上跳来跳去，到处刨抓寻找食物。

你会发现，在自然环境中，同类鸟的习性相似。你可根据鸟的多种行为特征，快速判断此鸟所属的科或类群。比如，如果一只黄色的鸟停在非常显眼的树枝上超过两分钟且四处张望，那么几乎可以确定这是一只金翅雀，而非莺类。而如果一只黄色的小鸟不停地在林中穿梭飞翔，每次停留都不过短短数秒，那么几乎可以确定这是一只莺类，而非金翅雀。尽管林鹬、沙锥和半蹼鹬的外部形态和行为习性大致相同，但我们依然能通过其习性和栖息地的选择来区分它们。盘旋在草地上方的鸫会俯冲至地面，跳跃两三次后才会停下来。椋鸟则会在俯冲后重重地落地，就像一下子"粘"在地上一样。

观察得越细致，就越能发现一些有助于识别不同鸟种差异的特征。不同种的中等体型燕鸥，其潜水捕鱼的方式也存在差别。黑颏北蜂鸟（*Archilochus alexandri*）和红喉北蜂鸟（*Archilochus colubris*），以及其他种类的蜂鸟，在飞翔时收尾和摆尾的方式不尽相同。不同种的河鸭（鸭属）觅食的方式也各不相同。这些差异通常是一种倾向，虽然不可单独用以识别某一种类，但是也可以作为有用的识别线索，哪怕是在较远的距离观察，也能发挥较大的作用。

## 飞行姿态

我们通常看到的是飞行中的鸟。你可以学着辨识，但首先必须掌握一些"基础知识"。即使是观察飞行中的鸟，也应能清晰地看见它们的羽毛图案、喙的形状，以及腿的长度（尤其适用于一些鹬类）。飞行时的叫声通常是最关键的识别要素。同时，飞行中鸟的大小或体积，通常比其停留之时更容易判别。飞行速度又快又敏捷，表明这是一只轻巧纤细的鸟；飞行动作缓慢稳重，则表明这是一只相对笨重的大鸟。比如，辨认远处的游隼和红隼的关键在于，体型相对较大的游隼，其飞行路径呈直线。翼的形状和身体的比例（尤其是尾的长度）都是非常有用的识别线索，而且相比于停留在地上的鸟，飞行中的鸟更容易展示出这些线索。不要害怕识别飞行中的鸟，学着用双筒望远镜去观察它们，细看你观察到的细节，这样很快就能做出判断了。

　　鸟类扇动翅膀的各种动作细节和滑翔时翼的伸展姿态都是非常有用的识别线索，振翅频率，挥动的弧度（高点和低点），飞行的姿态和动作（是否后倾、紧绷程度、敏捷程度等）都非常有参考价值。乌鸦飞行极具特色，扇动翅膀时酷似"划船"，圆弧状的翼大多在身体以下，每次振翅都会伸展并收缩双翼。乌鸦的振翅几乎是从不间断的，而飞行路线几乎是水平的，基本没有起伏。其他种类的鸟也有类似的振翅动作，如冠蓝鸦（*Cyanocistta cristata*）和北美黑啄木鸟（*Dryocopus pileatus*）、红头啄木鸟和刘氏啄木鸟（*Melanerpes lewis*）等，皆被描述为有着"乌鸦般"的振翅动作。经验丰富的观鹰者主要通过振翅的轻重快慢来辨别远处的鸟是库氏鹰（*Accipiter cooperii*）还是纹腹鹰，其中，振翅相对笨重缓慢的为库氏鹰，轻巧快速的则为纹腹鹰。又如，只要普通燕鸥和粉红燕鸥（*Sterna dougallii*）出现在视野范围内，就可以立即判断出振翅快且笔直的为粉红燕鸥。

### 飞行方式

通过以下三种基本的飞行方式可以判断出鸟类的大致类群。

- **猛烈振翅**　短暂地自由下落时双翼向内侧收缩，飞行路线或多或少呈现波浪般起伏，这种飞行方式多见于雀形目鸟类和啄木鸟类[①]。由于类群的不同，起伏的程度也各有差异，这取

---

① 译者注：啄木鸟属于啄木鸟目。

决于鸟的双翼收起时与身体之间的距离远近。比如乌鸦类，飞行时从不收缩双翼，振翅十分稳定，因此起伏幅度非常小；而雀类和啄木鸟类在振翅间隙双翼贴身紧缩，因此飞行路线起伏较大。

- **连续振翅**　几乎不滑翔或者很少滑翔，飞行平稳无起伏，为水禽、鹭类和各种鸽鹬类的飞行方式。

- **偶尔振翅**　双翼伸展，善于滑翔，则为空中鸟，如鸥类、猛禽类、燕类和鹱类的飞行方式。这些类群中鸟的飞翔姿态各有特点。经验丰富的观鹰者能通过翅膀的振动和飞翔的细微差异分辨出大部分的鹰。鹱类飞翔时弧度分明，又称为动态翱翔。贼鸥类、鸥类和燕鸥类，还有隼类，在强风天气下偶尔也会如此飞翔。

### 飞行姿态的变化

有时，鸟类的飞行姿态也会有所变化，这都取决于鸟类是在进行短距离飞行还是长距离飞行。比如斑腹矶鹬（*Actitis macularia*），在短距离低空飞行时，振翅僵直硬挺，发出"突突声"；而在长距离高空飞行时，振翅幅度大且非常有力。其他种类的鸟在进行求偶或"逃逸"飞行时的姿态与平时也大为不同。

### 集群行为

集群行为是另一条可加以利用的识别线索。只有部分特定种类的鸟会集群，且不同种类之间的集群行为也有细微差别。最引人注目的集群行为当属"V"形队列和直线飞行，尤以雁类最为常见，其他大型鸟类，如鸬鹚类、鹮类、鸭类、天鹅类，甚至鸥类和大型鹬类也会如此。细心观察有集群行为的雀形目鸟类，可发现不同种的集群方式也有所差异。注意观察飞行中集群的队形差异（椭圆形、长条形、延展形、带状形）和密集程度（松散或紧密）。并注意研究集群飞行时所有鸟的行为动作：集群状态是相对稳定还是所有鸟会围绕着鸟群环绕飞行？留意并观察这些线索能提高你的观察能力，甚至还可能从中发现其他有用的线索。

**鸟类行为的季节性变化**

　　另一个让观鸟一直充满惊喜、令人兴奋的因素，就是鸟类分布和行为模式会随着季节更替而不断变化。本月到处成群结队的鸟，可能在下月就四散各处、不知所踪。前一天可能还无处可寻的迁徙鸟，到第二天也许就比比皆是。了解鸟类生活的季节变化，可以帮助我们进一步了解鸟类所面临的各种挑战，也可为我们提供一些识别鸟类的线索。

　　你可能期望，一年之中，每周看见的情形都不尽相同。此刻你所看到的，可能要到明年此时方能再次看见。甚至古人观鸟，就已注意到了这些循环周期。这种周期性现象也是观察鸟类最令人心生满足的一个方面，因为它使我们强烈地感受到，周边环境中的巨大季节性变化。

　　鸟类每年的生活主要围绕两至三种活动：繁殖（从求偶到抚育

后代），换羽，以及大部分种类的鸟都会进行的迁徙活动。一般而言，这些活动都需要投入大量的时间和精力，因而，三种活动几乎不会相互重叠。对很多种鸟而言，冬天非常艰难且充满挑战，尤其是那些在严寒天气下越冬的鸟，为了存活下来，它们的行为会产生巨大的变化。

在了解了一年之中每个时段鸟的行为规律以后，你就会大致知道在何时何地找到何种鸟，以及它们正在进行哪些行为。比如，在美国和加拿大，从 11 月至次年 3 月，要识别夜鸫属中的有斑点的夜鸫就会非常简单，因为此时通常只有隐夜鸫（*Catharus guttatus*）在这里越冬，而其他鸫类都已经迁徙到南方越冬。觅食行为和栖息地也会随季节发生变化。比如很多种鸣禽在夏天主要捕食昆虫，到冬季则转为吃种子和浆果，并且会随之选择不同的栖息地。要想在美国缅因州的 6 月找到棕榈林莺，需要去云杉林湿地中寻找；而10 月份，则要去杂草地或者海边沙丘带去找。要想在秋天或者冬天看到扇尾沙锥（*Gallinago gallinago*），须去杂草丛生的泥池边；而在夏季的繁殖地，则经常可以发现一只扇尾沙锥站在栅栏柱或云杉树上发出宣示领地的叫声。如同鸟类的其他所有行为，以上每种行为也都有其原因，所有季节性行为都与其身体结构、羽毛，以及觅食等行为息息相关。

鸟的所有特征都是相互联系的，明白这一点非常重要。喙长、腿长、颈部形态和其他特征都对应一种特定的生活方式。鸟类采取特定的行为模式，部分因为其自身的身体特征。例如，不同种类的鹬不仅喙和腿的长度各不相同，它们在外部形态、觅食动作、栖息地选择等方面也都因其身体构造不同而有所差异。鸟类行为或形态表现出来的每一条线索，都能帮助经验丰富的观鸟者读取有关鸟类身体结构或羽毛的信息；了解其外部形态和内在功能之间的相互关联可帮助观鸟者更好地了解鸟类。把鸟类放在其生活环境之中，全面地观察，才能成为一名专业的观鸟者。

# 8

# 鸟鸣

千锤百炼之耳，能辨鸟鸣之异。

声内藏何玄机？至今难以辨析。

—— 阿雷塔斯·A.桑德斯《鸟类鸣声指南》

在鸟类识别过程中，难度最大且最易让人感到挫败的部分，就是区分不同鸟类的鸣声。可一旦掌握了此技能，观鸟者的识别能力就可以获得最大幅度的提升，同时感受到极大的成就感。这里有一些简单的提示和技巧，它们能帮你开启鸟类鸣声的学习之旅。声音识别本身就十分复杂，与视觉识别也存在较大的差异，因此将声音辨识看作一种特殊技巧也丝毫不为过。事实上，前文中所提及的利用视觉识别鸟类的所有建议，均可应用于声音辨别之中。你必须自觉地努力学习辨别鸟类鸣声，留心倾听、对比学习并反复练习。一分耕耘，就有一分收获。

鸟类鸣声的变化也遵循一定的规律，而分类学就是对这些变化进行区分的最有效指标之一。亲缘关系近的种类，往往在鸣声和发音方式等方面都有相似之处。了解每种鸟的科属，并在脑海中将相近的物种进行归类，这将有助于你分辨各种鸣声的差异。

## 聆听细节

在聆听鸟类鸣声时要像观察它们时一样，训练自己掌握细节的能力。在捕捉那些转瞬即逝的声音细节方面，鸟类的耳朵比人类的要灵敏得多。一些研究表明，鸟类可从声音中辨别出来的细节是人类的十倍。因此，哪怕是一段非常简短的鸣声，对于听到的鸟来说，可能都包含着大量的信息。虽然你无法捕捉到所有信息，但是通过锻炼，你可以让自己从鸣声中获取更微妙的细节。

你可能要花费数年的时间，才能让自己的耳朵和大脑对不同鸟种的鸣声差别"产生感觉"。通过不断训练，你辨别鸣声的能力会逐步提升。新手和专业观鸟者听到的是同样的声音，但新手通常听不出差别，这不是因为专业观鸟者耳朵更好，而是因为他们像经验丰富的品酒师一样拥有更敏锐精细的感觉。了解鸟类发声细节的关键在于重复。集中精力去辨别你所听到的每种声音，追踪不熟悉的鸣声，尝试去辨别鸟类，并观察它们的发声方式。聆听和观察双管齐下，能帮助你记住鸟的声音。加强对鸟类鸣声记忆的方法，还包括尝试描述或模仿鸟鸣叫，做笔记和"绘制曲谱"。诸如画草图之类的做法，是以容易记录的方式强迫你更加仔细地聆听细节，并对你的观察进行解读的方式。上述任何方法都可以帮助你加深观察。

## 鸟类的鸣声结构

不同鸟的鸣声在节拍（和发音模式）、音调、音质和强度等若干因素方面都有差别。了解每一种因素的变化形式，并学会对任一段特定的鸣声做出判断和描述，是学习鸟鸣音节的基本要求。大部分鸟鸣音节都较为单一、短促，从开始到结束都不会有大的起伏变化。尽管如此，其长度仍然可长可短，其音调可高可低，可扬可抑；其音质可以时而清脆明亮，时而嘈杂纷乱，时而如行云流水，变化多端；其强度可嘹亮，可柔和。通常，鸟类的鸣唱则更为复杂，因为在此过程中往往充斥着各种变化。学会将鸣唱分解成不同的部分，可以帮助你更加精准、形象地描述每一段的声音。

一段完整的鸣唱通常由很多短语组成，而每组短语又由一套音节组成。以猩红丽唐纳雀（*Piranga olivacea*）的鸣声为例，其每组短语都是由音调不同的几个接续相连的音节构成，每组短语之间都有短暂的停顿，如此，便构成了一段完整的鸣唱，而每两段鸣唱之间则是一段较长的停顿。仔细聆听每一部分，便是发现各种鸣唱差别的最有效的方法。其他种鸟的鸣唱可能就只有几个像口哨声一样的简单音节，或是一秒之内同一个音节重复多次，亦或是连续数秒鸣唱多个不同的音节，或者是其他各种组合方式。无论是哪种鸣唱，你都要注意听语句之间的停顿和每组短语中的音节，注意鸣唱中的节拍、音调、音质和强度等。

注意短语中节拍的快慢、长短音节和两段短语之间停顿的长短，还要注意鸣唱的长短和每段完整鸣唱之间停顿的间隔，这些都会影响你对节拍的判断。鸣唱中的全部音节组合，外加节拍的变化，即形成了鸟的发音模式，如灰冠虫森莺（*Vermivora peregrina*）就是三段式鸣唱。节拍和节奏是区别相似鸟种鸣声的两个最有效的线索，小嘲鸫（*Mimus polyglottos*）和褐弯嘴嘲鸫（*Toxostoma rufum*）的对比就是最为人所知的例子。小嘲鸫往往会连续三四次鸣唱同一组短语，然后停顿，接着转换成另一组短语；而褐弯嘴嘲鸫则成对地鸣唱短语，也就是每段鸣唱两次，然后快速切换至另一段，同样重复两次，以此类推。对比之下，小嘲鸫的鸣唱停顿更明显，组织系统性也更强，模式可表示为：AAAA BBB CCCC……而褐弯嘴嘲鸫的鸣唱则更稳定流畅，模式为：AA BB CC DD……

　　注意整体音调和音调的变化，即鸣唱时音调是否从高变低有大的起伏变化，还是趋向平稳；音调的整体趋势是渐升还是趋降，或者是升降结合。以斯氏夜鸫（*Catharus ustulatus*）和棕夜鸫（*Catharus fuscescens*）的鸣唱为例，它们在节拍、"螺旋式"的发音、清脆的音质和整体音调方面都极为相似，但斯氏夜鸫初始时音调较低，随后逐步升高；而棕夜鸫初始时音调较高，随后逐渐降低。鸣唱中的每段短语或许都有其独特的音调变化模式，比如，栗胁林莺（*Dendroica pensylvanica*）鸣唱在收尾时会明显加强一下，声调先是急剧上扬而后舒缓地降低。通常，我们更容易关注到鸣唱的首句和尾句，但任何一组短语都能成为辨识线索。

　　鸣唱的"音质"是指声音的"特征"，这很难用言语描述，但却很有辨识度。相近鸟种鸣唱的音质往往一脉相承，比如，所有夜鸫类鸟的鸣唱声都具有清脆如长笛般的"夜鸫式鸣唱"音质。音质可以帮助你快速辨别出该鸟所属的类群。尽管黑顶山雀和金翅虫森莺（*Vermivora chrysoptera*）的发音方式相似，都以一个长高音节开始，其后紧接着几个同一音调的低音节，但由于二者的音质存在明显的差异，对二者进行区分就变得轻而易举。山雀的鸣唱音质是一段纯哨声，而森莺的则是一种节拍较快、昆虫般的嗡嗡声，因此这两种鸟绝对不容易搞混。

强度，即音量，通常对鸟类识别帮助不大。每个鸟种的鸣声都变化万千，并且因为距离不同，鸣声强度听起来也不同。但是，有一些种类在鸣唱时强度确实会发生变化。以白颊林莺为例，它会使用同一个音调连续鸣唱多个短音节，开头和结尾时的鸣唱音量很小，但中间会加大音量。再如，黄腰白喉林莺（*Dendroica coronata*）的鸣唱非常有特色，刚开始时非常轻柔，然后逐渐加大音量。大黄脚鹬和小黄脚鹬，长嘴啄木鸟和绒啄木鸟，是另外两对可以在一定程度上凭借鸣唱音量来区分的鸟。上述每对鸟中，个头较大的通常音量更高一些，但考虑到野外环境中各种因素的影响，我们最终听到的却并不一定是更高分贝的声音，但一定是"更强"的。

## 鸟类鸣声

鸟类发声中的每一种变量，都可以描述出来，只是描述每种变量的语言却不尽相同。用语言来描述鸟类的鸣声总会令人感到黔驴技穷、无计可施，效果也往往如隔靴挠痒，让人意犹未尽，有时甚至旁生枝节，使人误解。人类的词汇尚无法淋漓尽致地诠释鸟类鸣声的复杂性，用有限的词汇来描述鸟的鸣唱，就如同人们戏谑品酒时惯用的描述：看着空洞，读着晦涩，写着棘手，品着生硬。尽管如此，语言仍然是我们用以记录这些声音的不二之选，而且文字描述也自有其价值。

　　鸟类发声的节奏（或节拍）可以简单地描述为紧张或松弛，快或慢，规律或不规律。鸟类的单声鸣叫既可能短促易逝，也可能冗长拖沓。一系列相似的音节以合理的节拍重复演绎，可称得上一段鸣唱；但如果节奏进一步加快，那么这组音节就只能被称为杂音了。某鸟鸣声的音调是高还是低，最好是通过与其他种类的鸟进行比较确定。此外，也需注意鸣唱声的抑扬变化。音调是由不同的元音呈现出来的：最高为 ee 组合，其次是 eh(ih)、ah、oo、oh 组合。人们依次发出这些声音时，嘴形也会依次发生变化。因此，上扬的声音可以写作 tooee（在收尾时升调），下降的声音可以写作 teeoo（在收尾时降调）。

　　音质是声音辨别的"综合特征"（jizz）。尽管用词语来描述有一定难度，或几乎不可能，但音质仍是专家用以快速区分鸟鸣片段的唯一特征。起初，可以用诸如颤动、沙哑、清脆、尖锐和刺耳等术语来描述鸣声的音质，不过，经验的累积才是关键。记住，大部分术语和我们对音质的印象都是与声音的另外两大特征，即音调和节拍不可分。

## "描绘"声音

研究鸟类鸣声的科研人员用计算机生成了声音视觉显像图，即声波图。其本质是用图表来表现声音，其中，纵坐标表示音调的高低，横坐标代表时间长度。20 世纪 20 年代，阿雷塔斯·桑德斯（Aretas saunders）发明了一种类似的速记方法来描绘鸟类鸣声的特征。这种描绘鸟类鸣声的方式不仅对记录和记忆声音大有裨益，也是一种很有效的学习工具，因为这个过程会迫使你听得更细致，让你分辨音调、节拍、音质、鸣声模式、重复率等不同方面的变化。

比如黑顶山雀哨声般的简单音节，可以用一条简短的横线和另一条稍低的横线表示：feee bee-eee（如下图所示）。

卡罗山雀的鸣声更为复杂，则可用不同高度的横线来表示其音调的高—低—高—低（fee bee fee bay）特征（如下图所示），然后再用几句描述性话语，说明这两个种类的鸣声均是一段清晰的哨声。

上图表明每个音节的音调都是平行无波动的，并且每个音节都是单独的，彼此不相连，也不会和相邻的音节混淆在一起。

以下三种带鹀的鸣唱声可以简单地用图表现出来。

白喉带鹀一段单一音调上的清澈哨声可用相同的简单直线（如下图所示）来代表，以此节奏循环往复。这与众所周知的助记口诀 *Old Sam Peabody Peabody Peabody*…… 相似，要注意，该三段式短语中的每一段都与最初单独发出的哨声长度相同，故而相当于该鸣唱的节奏在一定程度上加快。

金冠带鹀（*Zonotrichia atricapilla*）的鸣唱声由三个左右音节组成，哨声清晰，但至少有一个音节的音调会逐渐下降，然后平稳过渡至另一个音调。这条下滑的弧线（如下图所示）即表示一段哨声的音调在逐渐下降：*deeee deeeaar doooo*。

白冠带鹀 *gambelli* 亚种的鸣唱声更为复杂，和白喉带鹀相似，以一至两段平缓清晰的哨声开始，但紧接着是两组音调急剧变化的短语，然后就是一串单独的、没有起伏的或震颤的音节：*seeee odi odi zeeee zaaaa zoooo*。

　　开始的鸣声平缓清晰，其后两组短语短促复杂，听来好似两个相连的音节，后一个音节比前一个更高，因此可以描绘成由一条垂线连接的两段短直线（如前页图所示）。鸣唱声结尾处的嗡嗡音节可以用一条波浪曲线来表示。表示嗡嗡喧闹程度的波浪线可用粗细区分，并且嗡嗡音节也可用上升或下降的波浪线来表示。

　　对于同一属内种类极易混淆的鸟类而言，如果用声波图来表示其鸣声，鸣声的显著特征就更容易被观察和解释。众所周知，旅鸫（*Turdus migratorius*）、黑头斑翅雀（*Pheucticus melanocephalus*）和玫胸斑翅雀（*Pheucticus rubra*）、猩红丽唐纳雀和黄腹丽唐纳雀（*Piranga ludovilianus*）的鸣唱大体相似，难以区分。新手在相当长的一段时间内，恐怕都很难明白它们之间的差异，更不用说用耳朵听出差异。

　　旅鸫的鸣唱由较快语句组成，通常四五组语句为一段，每一组语句之间的停顿长度基本上与语句本身长度相当：*eetaloo*，*ooti*，*ooti*，*eetaloo*（如下图所示）。旅鸫通常会重复同一组语句，如此，一段鸣唱声的模式就类似于 ABBA。另一段鸣唱声会在相对短暂的停顿后开始，此类表演可能要持续数分钟。重复是非常常见的，有时一组短语会连续重复八至十次。每组语句都音质清脆，尤其是音节与音节之间的过渡，可能会让人联想起夜鸫清脆的鸣唱声。

　　玫胸斑翅雀和黑头斑翅雀的鸣唱的语句简单，节奏平稳（如下图所示）。

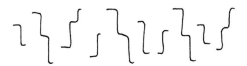

　　与旅鸫相比，它们鸣唱的语句更多，语句之间的停顿更短，因此鸣声更长，更具连续性，语句中的重复也不太明显。在转换至下一段鸣唱之前，会停顿较长一段时间。它们语句中的音节更轻柔；音质更似沙哑或轻快的哨声，而不是像旅鸫那样嘹亮的笛声。每组短语的节奏和音调波动范围相似，如此，整段鸣唱在既定范围内有条不紊地进行，这也使得鸣唱声整体略显单调乏味。

　　猩红丽唐纳雀和黄腹丽唐纳雀鸣唱语句稍短，语句之间几乎没有停顿，因此整首鸣唱似乎充满了连续爆破声（如下图所示）。语句变化多样 —— 或短或长，或复杂或简单，或高或低 —— 鸣唱声整体节拍多变，音调起伏较大，不像旅鸫或斑翅雀般系统规律。新手最容易发现的特征是，唐纳雀的鸣唱声中某些音节的音质沙哑粗犷，与其他鸟的鸣唱声均有所不同。

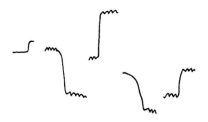

## 鸣声分类

　　每种鸟类都有其与众不同的发音方式。黄林莺可以发出鸣唱声（包括各种用来和同伴或异性联络的鸣唱声）、召唤声、飞行叫声、警戒声和其他各种不常听见的叫声。将黄林莺的声音和其他鸟类的声音进行比较时，只需要比较其发音方式。大部分的鸣声可以归为某种基本类型。综合考虑每一种鸣声的背景环境和发出来的声响，有助于你对其进行正确归类。

- **鸣唱**　这是鸟类用来宣示领域或吸引异性配偶的叫声，一般由雄鸟在繁殖季节发出，且经常伴有各种求偶炫耀的动作。鸭类、鹰类和其他鸟类的求偶声音又称为"炫耀鸣唱"或"求偶鸣唱"。其求偶鸣唱传达的信息与鸣禽的鸣唱一样，但复杂程度和审美愉悦感方面略逊一筹。啄木鸟发出的啄木声与鸣唱功能相同。很多雀形目鸟类都具有主鸣唱、次鸣唱、飞行鸣唱和晨鸣等各种鸣唱形式。有时能听见低沉柔和的鸣唱，又称次级鸣唱或耳语鸣唱。某些种类的鸟，比如莺雀类，其耳语鸣唱的发音完全不同，并不仅仅是正常鸣唱声的柔和版。

- **联络鸣叫**　与鸣唱相比，所有的联络鸣叫都更为短促、简单。有一些联络鸣叫，所有鸟都能发出。大多数鸟类最常发出的呼唤音素就是联络鸣叫（比如，林莺和麻雀发出的尖锐的吱吱声）。

- **飞行叫声**　事实上，所有的鸣禽都会发出飞行叫声，而且往往出现于鸟在空中飞行或即将起飞时（比如，很多林莺都会发出的尖锐的唧唧声）。在空中盘旋的夜间迁徙的鸟也会发出飞行叫声。一般而言，飞行叫声与联络鸣叫大为不同。对观鸟人而言，非常重要的一点就是将不同种类的鸟类发出的同等功能的叫声进行对比，例如只将各种鸟儿的飞行叫声相互比较。

- **其他叫声**　你可能偶尔会听到鸟儿发出的警报声，尤其是当你靠近鸟巢或靠近幼鸟的时候。根据警报级别的高低，大概可以认为，大多数鸣禽的警报声是联络鸣叫的加强版。另外，在野外很少听得到威胁叫声（比如雀科鸣禽在喂食器旁争食时发出的刺耳叫声）。幼鸟的乞食声或雌鸟的求偶声通常带有标志性的悲鸣特点，且不同种类的鸟之间各不相同，这对鸟类识别大有帮助，但在一年之中，只有为数不多的几个星期能够听见。其他诸如此类的叫声，还包括距离较近的一对鸟儿发出的亲密召唤声和求偶声，以及遭遇困境的鸟儿发出的求救声。每个类群的鸟都有其特别的发音范畴，某些特定的叫声只有少数亲缘关系近种类才会发出。比如，某些哈氏纹霸鹟能发出"定位叫声"，但此叫声仅限于雄鸟，且大多是在繁殖地发出的。其他种类的鸟均未发现有与此功能相对应的叫声。

## 鸣声变异

联络鸣叫和其他鸣叫在音量、节拍甚至是音质和音调上均有所不同，这种不同是由鸟类鸣叫的动机决定的——与处于放松状态

的鸟相比，愤怒的鸟发出的声音更大、更尖锐且频率更快。而鸣声
在不同类型之间转换，可能是因为鸟儿正在转换活动。比如，林莺
在起飞时会发出一系列声音，由召唤声逐渐转换成飞行叫声。大部
分种类（譬如红翅黑鹂）的雄鸟和雌鸟发出的鸣声也不同。

　　同样，鸣声也存在地域差异，鸣声变化的规律与物种外部形
态的变化规律时而一致，时而不同。大多数非雀形目鸟和少数雀
形目鸟，比如霸鹟类，遗传了本类群的鸣声特性，不会学习其他鸟
种的鸣声。而其他大部分雀形目鸟一般会从其父母和本地的鸟儿那
里学习部分鸣唱和呼唤声。这些鸟可能会发展出一套本地区的"方
言"鸣声并产生本地鸟种其他鸣声的变化；也可能将其他鸟种的鸣
声或者周边环境中不相关的声音与自己的鸣声进行融合。某些鸟
会习惯性地模仿其他鸟的声音，如嘲鸫科的所有鸟（模仿程度不
一样）、某些莺雀类鸟 [ 如白眼莺雀（*Vireo griseus*）]、金翅雀类，
以及黄胸大鹏莺（*Icteria virens*）、松金翅雀（*Carduelis pinus*），还
有冠蓝鸦属的各种冠蓝鸦、蚋莺和紫翅椋鸟。有时候，鸟类也会
效鸣[①]。比如，白喉带鹀模仿黑喉绿林莺（*Dendroica virens*），莺鹪
鹩（*Troglodytes aedon*）模仿卡罗苇鹪鹩（*Troglodytes ludovicianus*）
等。正如其他野外识别特征一样，鸣声不应作为识别鸟类的唯一
依据。

---

① 译者注：效鸣即模仿其他鸟种鸣声的现象。

# 9

# 认识羽毛

> 正如日本俳句的艺术蕴味充分证明了一点：有时候，多即是少。同样地，在大自然中，美与意义无需惊天动地。
>
> ——吉姆·布兰登伯格

羽毛为鸟类所特有，事实上，在野外我们也只能看见鸟类的羽毛。理解羽毛的排列，以及鸟类的羽毛与其外形、身体色彩图案之间的关联，对识别鸟类非常重要。毋庸置疑，羽毛是大自然中最具特色的结构之一。芸芸众生，有且仅有鸟类长有羽毛。羽毛为鸟类披上了一层色彩绚丽、花纹繁复的外衣，同时它也是一层轻巧的流线型保护层，具有隔热、保温和防水等功效。鸟类翅膀和尾部生长的大型羽片使得鸟类能够自由飞翔，而绚丽的装饰性羽毛也成为某些鸟类炫耀的利器。羽毛使鸟类得以在不同的栖息地生活，形成个不同的生活方式，从炎热荒凉的沙漠到寒冷刺骨的北极，再到广阔无垠的海洋，到处都可见到鸟类的身影。

科学家认为，羽毛最初是用来隔热保温的，能帮助鸟类维持高而恒定的体温和旺盛的新陈代谢。当周围的冷空气温度降至

−34°C 及以下时，体重不足 28 克的朱顶雀和其他鸟类的体温必须稳定在 38°C。尽管鸟的羽毛很轻盈，但通常而言，其重量仍占鸟总体重的 15%，大约是其骨骼重量的 2 倍，从这一事实也可看出羽毛对鸟类的重要性。

不同鸟类拥有的羽毛数量不同。红喉北蜂鸟的羽毛最少，只有940 根，小天鹅（*Cygnus columbianus*）的羽毛最多，超过 25000 根（70% 的羽毛生长在头部和颈部）。又如，歌带鹀、白喉带鹀和狐色雀鹀（*Passerella iliaca*）的羽毛数量从 1500 根到 2600 根不等 —— 大型鸟的羽毛数量稍多些，冬季的羽毛数量比夏季多。多数情况下，较大型的鸟，不仅羽毛数量更多，而且单根羽毛也更大。

紫朱雀（*Carpodacus purpureus*）身体的每一部位都有其代表性羽毛。左边从上至下依次是翼羽与尾羽；右边是体羽。请注意，不同部位的羽毛，功能有所不同。

本章将探讨羽毛结构的细节、羽毛的不同类型和功能，以及羽毛是如何给鸟类提供全方位的和适当的保护的。简而言之，探讨如何通过羽毛定义鸟类，以及羽毛如何影响我们对鸟类的印象。

## 羽毛的类型

大家都了解羽毛的基本结构：中间为羽轴（shaft），羽轴两边是一系列羽枝（barb），羽枝由更多更细小的羽小枝（barbule）连接而成，最终形成一片扁平的羽片或网状结构。羽轴和羽枝的长度和坚硬度决定了羽毛的形状，而羽小枝的数量则决定了网状结构的紧密程度。羽毛的内部组合结构可谓变化万千，但所有羽毛的基本组成元素都是相同的。

鸟类学家将我们在野外看到的几乎所有的羽毛都归结为"正羽"（contour feather）。我们可将正羽划分为两类：体羽和飞羽。体羽是最为人熟知的羽毛类型，体羽羽轴弯曲弧度大，整片羽毛几乎呈对称形状。体羽给鸟类裹上了一层外壳，将具有隔热保温功能的绒羽（down）包裹于内。

飞羽是生长在翅膀和尾部的羽毛，主要功能是帮助鸟类飞行。飞羽的羽轴非常长，羽枝则相对较短，羽小枝将羽枝紧密连接在一起。飞羽形状不对称，外层网状比内层网状瘦窄。每一片飞羽的长度和形状都会根据其特定的功能而有所变化。比如生长在尾上的外侧尾羽，与中央尾羽的形状就不相同，外侧初级飞羽与内侧初级飞羽也有所差异。

典型的体表正羽。请注意，只有羽尖部分色彩明亮，并且羽尖比其余部分更坚硬。羽小枝与羽枝相连，形成羽片和网状结构。羽毛底部的羽枝松散柔软。通常，只有羽尖的网状部分会被看到。

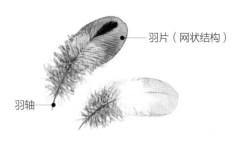

羽片（网状结构）

羽轴

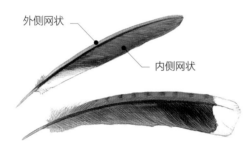

外侧网状

内侧网状

冠蓝鸦的翼羽：上面为最外层的初级飞羽，下面为中间的次级飞羽，两片羽毛都是取自右翼。请注意，每一片飞羽的形状都是不对称的，外侧狭窄的网状羽瓣会面向翼的前缘。

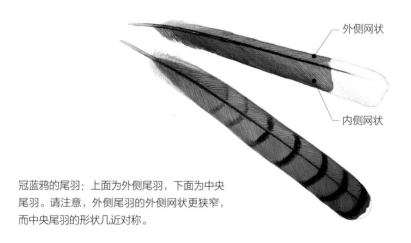

外侧网状

内侧网状

冠蓝鸦的尾羽：上面为外侧尾羽，下面为中央尾羽。请注意，外侧尾羽的外侧网状更狭窄，而中央尾羽的形状几近对称。

其他类型的羽毛：从左往右依次是绒羽、须
（bristle）和毛羽（filoplume）。

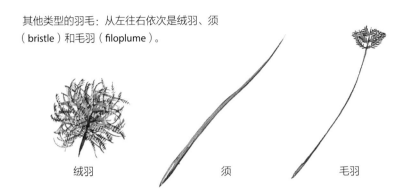

绒羽　　　　　须　　　　　毛羽

　　绒羽羽轴非常短，羽枝长且柔韧，没有羽小枝，因此绒羽就
是一簇柔软的羽枝，用以储存空气、隔热保温。须是一种特化的正
羽，几乎没有羽枝，只有一根坚硬的、像毛发般的羽轴，主要生长
在鼻孔、喙和眼睛周围，用以保护这些部位。毛羽也是一种特殊的
羽毛，羽轴细长，羽尖有些许羽枝。毛羽主要生长在鸟的颈部周
围，可用以感知其他羽毛的运动。这些特殊的羽毛数量很少，且在
野外很难看见，对鸟类识别意义不大。

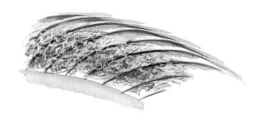

体羽的横截图。请注意羽毛是如何生长和脱落的，羽毛生长时向后弯曲，在羽尖处重
叠，形成一层平滑的外壳，在皮肤外层包裹了空气。

## 羽毛如何塑造鸟类

除去少数几个科的鸟（例如企鹅），其他鸟的羽毛的生长并不均匀（这不像狗和猫，它们的毛会均匀地遍布全身）。相反，它们的羽毛是成片生长的，最初，身体的大部分裸露在外，而那些成片生长的羽毛会逐渐覆盖住那些裸露的部位。真正神奇的地方在于，即使鸟类不断变换动作，一会儿游泳、一会儿飞行、一会儿奔跑，身上的羽毛仍然可以通过弯曲、伸展和收缩，对全身进行隔热、保温和防水。

每片羽毛都是从身体内部长出，向鸟尾处弯曲生长。这样，每片羽毛都会覆盖在后生的羽毛之上。通常，在野外只能看见每片羽毛的羽尖，所有的羽毛像木瓦片一样堆叠在一起。

鸟的实际身体形态与扒光了毛的鸡非常相像，羽毛又使鸟类外形尤为相像。鸟只需调动羽毛底部的肌肉，就可随意伸展或收缩它身上的任意一片羽毛。

鸟的可视轮廓随羽毛的运动而变化：左边是羽毛蓬松时的样子，右边则是羽毛紧贴时的样子。

笑鸥（*Larus atricilla*），左图的羽毛轻微蓬松，肩羽轮廓棱角分明；右图的羽毛平滑紧贴，几乎无法分辨单片羽毛的形状。

鸟伸展羽毛的主要原因是为了大量吸收身体周围的空气，以起到更佳的隔热保温效果。请注意，鸟的外形会发生明显变化——天气炎热时，鸟活跃，外形顺滑；而天气严寒时，则膨胀鼓起——当然，身体的实际大小、喙部和腿部的长度仍保持不变。

鉴于鸟类的外形可能发生变化，你或许会认为鸟类的大小、形状和比例很难判断。事实也确实如此，但外形变化有其严格的限制——羽毛只能以特定的方式移动。只要你理解了这些限制条件，鸟的外形和大小就是非常有用的识别线索。

普通潜鸟（*Gavia immer*），该图表明了鸟的头部是如何变化成不同形状的，而颈部形状和羽毛纹理也会随之变化。

白眉冠山雀（*Baeolophus wollweberi*），
鸟冠立起（左）和放下（右）的状态。

## 羽区的分布

尽管鸟的体型、习性和羽色各式各样，但鸟类身体上羽毛排列的基本规律却惊人地相似。不同部位的羽区各不相同、彼此独立，且每一类羽毛都有其特定的功能。

鸟类学家认为，大部分鸟类身上的羽毛可主要划分为七块区域，彼此之间由无毛的部分 —— 裸区（apteria，其单数形式为apterium）分隔开来。这七大羽毛密集区可以划分成更小的羽区，每一片羽区都专门用于覆盖身体的特定部位。对于观鸟者来说，这种方法非常有用，人们可以通过羽区的实际间隙和鸟体轮廓，或者

歌带鹀，鸟体各羽区之间的缝隙处
有阴影。鸟竖起或放下某些羽毛即
可减少或加深阴影。在判断一只鸟
的颜色时应铭记这一点。

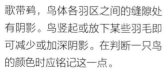

白冠带鹀，其有序排列的羽毛上有横竖排列的网格；该鸟其他部位的羽毛也同样有序排列。这些其实是所有鹀类的共同特征。

外形和羽毛排列的差异来区分羽区。在羽区连接之处，有一条或明或暗的纹路，在野外可以近距离观察到。

在每一块羽区里，所有羽毛都并排生长、纹理清晰，每片羽毛的长度和形状都与周围的羽毛相协调，实现对鸟体的全方位覆盖。若近距离观察鸟类，即可看到这种排列方式。鸟类外形上的条纹、眼纹和羽翼色带等羽毛纹路都是由此而来。

对于观鸟者而言，了解羽区尤其重要，因为羽区是鸟类羽毛排列和羽色斑纹的结构基础。任何一只鸟的基本羽区都是可以区分开的，即使是如乌鸦这样通体黑色的鸟。了解羽区就能精确描述出羽毛上的斑点，加深对羽毛纹路的了解，同时理解鸟类变换身体姿态或者抖动羽毛时，其纹路图案的变化方式。

要想了解羽区并解释远处鸟的羽毛纹路，需要积累大量经验。好消息是，通过观察任何鸟，你都能积累这种经验。比如，你可以留心观察当地池塘里的鸥类或鸭类，也可以观察城市公园里的鸽子或自己饲养的鹦鹉等，留心它们的羽区及其变化方式。

## 雀形目鸟类的羽区

下图描绘的是一只雀形目鸟（鸣禽）的基本羽区。雀形目鸟的羽区和羽毛排列非常一致，无论是乌鸦，还是戴菊，其羽区轮廓都一样。林柳莺（*Phylloscopus sibilatrix*）和鸸的羽毛排列类似，它们胸部和背部上的羽毛数量相同。

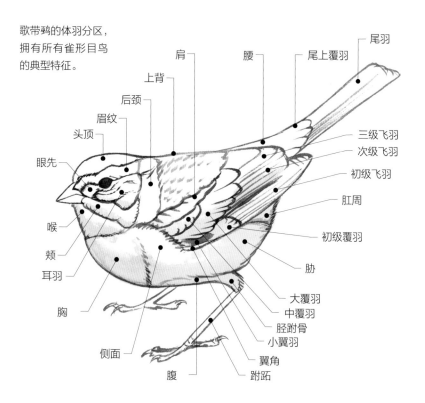

歌带鸸的体羽分区，拥有所有雀形目鸟的典型特征。

肩　腰　尾上覆羽　尾羽

上背

后颈

眉纹

头顶

眼先

三级飞羽
次级飞羽
初级飞羽

肛周

初级覆羽

肋

喉

颊

耳羽

胸

大覆羽
中覆羽
胫跗骨
小翼羽

翼角

侧面

腹　跗跖

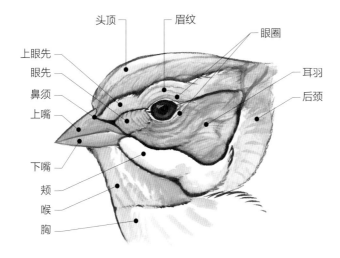

头顶
眉纹
眼圈
上眼先
眼先
鼻须
上嘴
耳羽
后颈
下嘴
颊
喉
胸

歌带鹀，头部羽毛排列的细节。注意头部羽毛是如何从鸟喙下面延伸式地生长出来的。
环绕嘴裂（鸟嘴角）的线将耳羽与颊部分开，而鸟喙下方的线将喉部与颊部分隔开来。

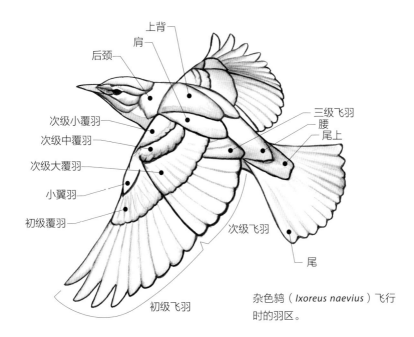

上背
肩
后颈
次级小覆羽
次级中覆羽
次级大覆羽
小翼羽
初级覆羽
三级飞羽
腰
尾上
次级飞羽
尾
初级飞羽

杂色鸫（*Ixoreus naevius*）飞行
时的羽区。

## 非雀形目鸟的羽区

　　非雀形目鸟羽区的变化形式比雀形目鸟的更多样，不过下面几幅图将尽可能揭示这些鸟之间的的共同之处。请比较不同鸟种的肩羽、覆羽、耳羽和其他羽区的位置。值得注意的是，无论哪一种水鸟，其身上任何一个会与水接触的部位上的羽毛往往是无缝衔接的。因此，对于鸭类、鸥类、鹬类和很多其他种类的水鸟来说，很难区分其头部或身体下部的羽区。

红尾鵟的基本羽区

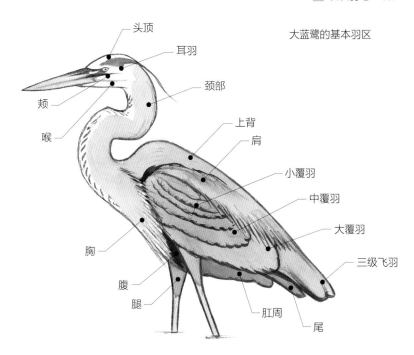

大蓝鹭的基本羽区

头顶
耳羽
颈部
颊
喉
上背
肩
小覆羽
中覆羽
大覆羽
三级飞羽
胸
腹
腿
肛周
尾

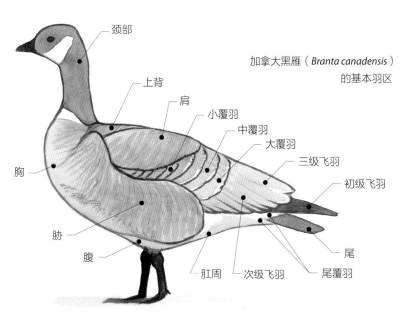

颈部
加拿大黑雁（*Branta canadensis*）的基本羽区
上背
肩
小覆羽
中覆羽
大覆羽
三级飞羽
初级飞羽
胸
胁
腹
肛周
次级飞羽
尾覆羽
尾

针尾鸭（*Anas acuta*）的基本羽区

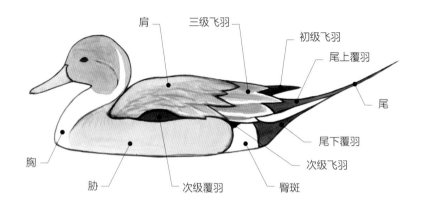

蓝翅鸭（*Anas discors*）的基本羽区

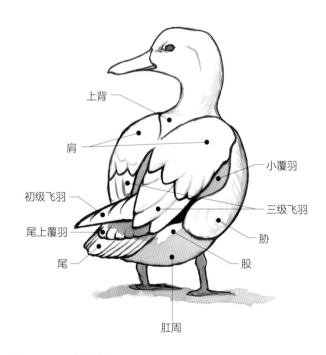

西滨鹬的基本羽区

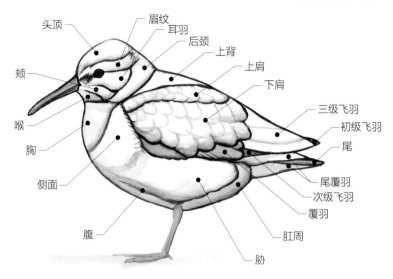

短嘴半蹼鹬（*Limnodromus griseus*）的基本羽区

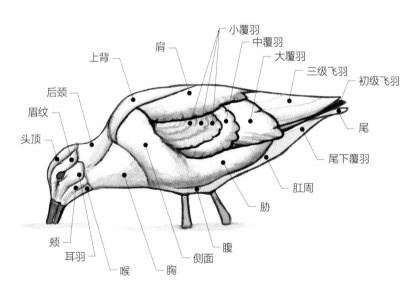

伯氏鸥（*Larus philadelphia*）的
基本羽区

头顶

上背
肩
小覆羽
中覆羽
大覆羽
三级飞羽
初级飞羽

喉
颈部
胸
侧面
肋
腹

尾
次级飞羽
肛周

头顶

眉纹
耳羽
面盘
后颈
颊
喉
肩
小覆羽
中覆羽
大覆羽

初级小覆羽
初级中覆羽
初级大覆羽
次级飞羽
初级飞羽

胸

肋
腹

尾
尾下覆羽
肛周

东美角鸮（*Otus asio*）的
基本羽区

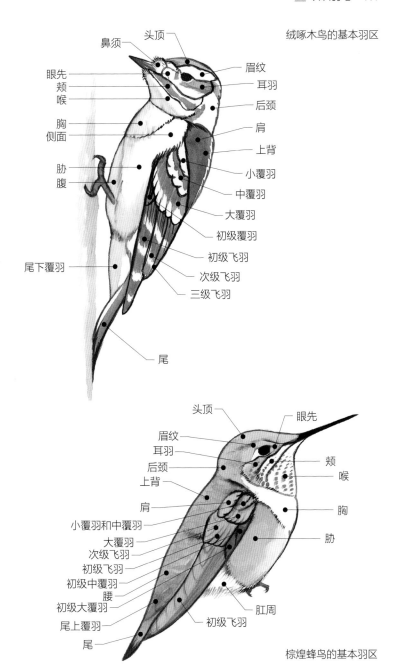

绒啄木鸟的基本羽区

头顶
鼻须
眉纹
眼先
耳羽
颊
后颈
喉
肩
胸
上背
侧面
小覆羽
胁
中覆羽
腹
大覆羽
初级覆羽
初级飞羽
次级飞羽
尾下覆羽
三级飞羽
尾

头顶
眼先
眉纹
耳羽
颊
后颈
喉
上背
胸
肩
小覆羽和中覆羽
胁
大覆羽
次级飞羽
初级飞羽
初级中覆羽
腰
初级大覆羽
肛周
尾上覆羽
初级飞羽
尾

棕煌蜂鸟的基本羽区

## 体羽

- **后颈羽**（Nape） 位于颈后部，从耳羽下方到上背，包围在颈部两侧狭长的蓬松羽区。耳羽后的后颈部位也称作**颈侧**（necksides）。

- **上背羽**（**翁羽**，Mantle） 与后颈羽毛非常相似，但质地更坚韧，纹色更鲜明；羽毛排列整齐，呈条纹状。单根上背羽呈对称形状，外缘宽大，颜色黯淡。很多种类的鸟均有此黯淡**色带**。请注意，"翁"通常也指鸥类的躯部背面和两翼的整个上表面部分。

- **肩羽**（Scapulars） 长在"肩膀"上的羽毛，飞行时，肩羽会张开以遮盖翼的底部。雀形目鸟类的肩羽相对难以被察觉，颜色暗沉，不如上背上的羽毛纹路明显。非雀形目鸟类的肩羽更为突出醒目，纹路色彩更为鲜明，也更有观赏性。对于一只处于休息状态的鸟而言，其肩羽遮盖住翼的范围是可以调节的。鸟类由于饥饿或寒冷而立起羽毛时，会使黯淡的肩羽底部变得明显。许多鸥类和燕鸥类三级初羽的底部都有一小块浅浅的**月牙状肩羽**（scapular crescent），这是由后生肩羽的白色羽尖组成的白色斑块。

- **腰羽**（Rump） 位于背的下部。鸟类在栖息时，腰羽会缩至翼下侧，上背羽则落在翼上侧。此时，腰几乎或全部隐藏在三级飞羽之下，肩羽则横置于上背和腰之间。腰羽蓬松软长，与上背羽相比，纹色较淡。天气寒冷时，腰羽会全部张开来盖住翼。大多数"白腰"或"黄腰"鸟，只有腰末端有颜色，但半蹼鹬的整个腰部都是白色的。"腰"一词也可用以指代腰部附近色彩对照鲜明的相邻部分。白腰滨鹬（*Calidris fuscicollis*）和白尾鹞（*Circus cyaneus*）的白色部位其实是白色的尾上覆羽。

- **尾上覆羽**（Uppertail coverts）　一簇层次分明的坚韧羽毛重叠生长在鸟尾的底部，使鸟尾呈流线型。中部的羽毛长，侧面的羽毛短，形成三角形。

- **胸羽**（Breast）　位于喉部下方的三角区域。实际上，胸部的羽毛是从颈前部开始生长的。胸羽通常是条纹形，很多种类的鸟都有一个共同特征，即胸部具有斑纹，其中部分原因在于羽毛汇聚在胸部的下方。

- **侧羽**（Sides）　该羽区定义不清，大概是生长在胸部和胁部中间的羽毛，在翼角处重叠。通常是一簇暗沉的羽毛沿着胸部和侧面的线向下延伸，且胸部、侧面和胁部的条纹花色均有轻微差异。

- **胁羽**（Flanks）　身体侧边松散的长羽毛，可以张开遮住双翼。

- **腹羽**（Belly）　位于身体的中下部。这块区域不长羽毛，但胁下方的几排羽毛会朝内生长以遮住裸露的皮肤。沿着腹部的中线，上至胸的下方，下至肛周，可以看见一条缝线。腹羽通常没有斑纹，但与胸羽和胁羽相比，略呈白色。

- **肛周羽**（Vent） 几个羽区之间的过渡区，位于胁或腹部和尾下覆羽之间，包括多数鸟类腿部之间羽毛浓密的部位，该处羽毛比周围羽毛更白。

- **尾下覆羽**（Undertail coverts） 一簇层级渐次、相对较长的羽毛，重叠生长在鸟尾部下方的底部，与尾部一起运动。

- **股羽**（Femoral tract） 位于尾部的前端，重叠生长的一簇短小紧密的羽毛，大部分被后胁处生长的长羽毛遮住，但从初级飞羽侧下方可以看见。水禽的股羽发育尤为齐全，有时像一块显眼的光区，又称为**臀斑**（hip patch）。

- **腿羽**（Leg feathering） 一般而言，作用不大。雀形目鸟类的腿羽较短，且通常为褐色的羽毛。一些非雀形目鸟的跗跖也长有羽毛。

## 翼羽

- **初级飞羽**（Primaries） 从手部（腕骨、掌骨和指骨）处长出，形成鸟翼收起时的下缘部分。不同的鸟，飞羽数量不同，其中，雀形目鸟有9～10根，而非雀形目鸟类有多达12根。通常，最长的初级飞羽羽端会超过最长的三级飞羽羽端。一般而言，**初级飞羽末端延伸**（primary projection）的长度是个较为有用的野外识别标志。

- **次级飞羽**（Secondaries） 次级飞羽是从尺骨处长出的一些较长的羽毛。雀形目鸟有9～11根次级飞羽，而其他鸟类次级飞

羽的数量不等，最少如某些蜂鸟有 6 根，而最多如红头美洲鹫
（*Cathartes aura*）可达 25 根。鸟翼收起时，只能看见次级飞羽
的外缘，且延伸出来的灰白色外缘会形成**次级翼斑**（secondary
panel）。大多数潜鸭都有一块色彩斑斓的斑纹，通常称为次级
飞羽正面的**翼镜**（speculum）。次级飞羽的灰白色基部（通常
向初级飞羽伸展）形成了**翼带**（wingstripe）。

- **三级飞羽**（Tertials）　三级飞羽实际上是最内侧的次级飞羽。最
  里面的三级飞羽较短，而最外层的三级飞羽通常比次级飞羽
  长。翼收起时，鸟宽大的三级飞羽会与大部分的次级飞羽重
  叠，保护次级飞羽免受空气侵蚀。灰白色的外缘会形成一条明
  显的**三级翼斑**（tertial stripe）。鸥类和燕鸥类的翼收起时，三级
  飞羽灰白色的尖端会形成一个**浅色的月牙斑**（tertial crescent）。

- **大覆羽**（Greater coverts）　覆羽（即覆盖其他羽毛基部的小型
  羽毛）中最大的羽毛，通常一根大覆羽对应一根次级飞羽和一
  根三级飞羽。内部（三级飞羽）的覆羽与外部（次级飞羽）的
  覆羽在形状和颜色上皆有所不同。大覆羽的灰白色尖端形成
  **下缘的翼斑**（lower wing-bar）。确切地说，大覆羽应该称为次
  级翼上大覆羽。但是观鸟者应该知道通常说的"大覆羽"是指
  初级翼上大覆羽而不是初级大覆羽或初级翼下大覆羽。

- **中覆羽**（Median coverts）　一排相对较短、宽的羽毛，与大覆
  羽的基部重叠。中覆羽的灰白色尖端形成**上缘的翼斑**（upper
  wing-bar）。

- **小覆羽**（Lesser coverts） 小覆羽是从中覆羽基部到翼前缘部分一直重叠的小型羽毛。雀形目鸟的小覆羽相对不明显，且在翼收起时，通常会被侧羽掩盖。但翼较长的鸟类，如鸥类和鹬类的小覆羽就明显得多。

- **翼缘覆羽**（Marginal coverts） 翼前缘的小羽毛。

- **初级覆羽**（Primary coverts） 又窄又硬的羽毛，与初级飞羽的基部重叠。通常在大覆羽的下方，几乎看不见初级覆羽。

- **小翼羽**（Alula） "拇指骨"上的羽毛，3～4根。在鸟类收起翼时，通常只有外（下）缘的小翼羽才能被看见。

- **腋羽**（Axillaries） 翼基部向周围生长的一组羽毛，覆盖住翼基部的下端。只有翼较长的非雀形目鸟才能看得到腋羽。腋羽的作用与肩羽一致，均为覆盖住翼基部的上端。

- **肩肱羽**（Humerals） 从翼非常长的鸟类的肱骨长出的一组羽毛。肩肱覆羽覆盖住肱的基部。内部的肩肱羽基本上与肩羽重叠。

## 头部羽毛

- **冠羽**（Crown） 一条覆盖着头部的连续的羽毛带，从喙的底部一直延伸到头骨后方。头顶的羽毛较短（除了有羽冠的鸟），且排列僵硬，而到了后颈就突然变成了较长且较松散的颈羽。
  **前额羽**（forehead）大致指冠羽前部，从头顶到喙，并与冠羽在头的后方混合在一起，不易分辨。许多鸟的冠羽外围的羽毛颜色较黑，中间灰白，形成了黑色的**侧冠纹**（lateral crown stripes）和灰白色的**中间冠顶纹**（median crown stripe）。鸟类冠羽上所有那些色彩鲜明的中部斑块皆被称为**冠斑**（crown patch）。

- **眉纹**（Supercilium）　从鼻孔处的喙部上侧基部开始，沿着眼部上方的头部侧面，延伸到头部后方的一条羽毛带。眉纹的羽毛从头的侧面长出并向上弯曲，而冠羽则从头顶长出、向后弯曲且稍稍下垂。据此，也可以将眉纹羽和冠羽分开来。眉纹羽和冠羽在头顶侧面相互挤压在一起，形成了一条时常可见的细微"脊线"。眉纹羽带实际上可以分成三个不同的部分。在眼先上方，眼睛和喙之间的是**贯眼纹**（supraloral）或**前眉纹**（fore supercilium），由眼先上方第一排形状规则但非常小的羽毛组成。**真正的眉纹**（ture supercilium）是由从眼睛上方开始，刚好向后延伸到耳羽后缘的几排细小的羽毛组成的。**后眉纹**（rear supercilium）则是从耳羽后方延伸绕过头的后方，仅为头顶和后颈之间的过渡地带。眉纹的任何一部分都色彩鲜明。沿着眉纹的灰白色"眉毛"条纹（该条纹可以是非常重要的识别线索，如对比黄眉灶莺和白眉灶莺时），其形状的不同是颜色差异的结果，而非由羽毛形状差异所致。灰白色眉纹不一定与眉纹羽区的轮廓严格保持一致。

- **眼先羽**（Lores）　眼睛和喙之间一块刚毛似的小羽毛，以同心弧的形状排列于眼睛前部。眼先羽与耳羽在眼睛下方不易察觉地交织在一起，斑纹通常不甚明显，且颜色单调，但也非常引人注目［黑顶莺雀（*Vireo atricapillus*）就是个经典的例子，它的整个眼先都是白色的，搭配白色的眼圈羽毛，如同戴了一副独特的"眼镜"］。

- **耳羽**（Auriculars）　面颊或耳朵覆羽，覆盖在眼睛下方和后侧、头的侧面的一组复杂的羽毛。通常情况下，眼睛下方的每排耳羽都呈同心排列。耳羽由前向后逐渐扩大，总体看来呈喇叭状，但实际上，位于耳孔处的耳羽呈张开的网眼状，可任由声音通过。在大多数鸣禽身上，这些耳羽形成了小面积、不规则的浅灰色羽毛图案，而透过这些羽毛，也许就能看到犹如黑色污渍的小孔。长在耳孔周围的羽毛短小而结实，且色彩浓重，作用是将声音传送到耳朵里，并形成非常明确的耳羽边界。这个区域的小撮羽毛也许色彩鲜明，那样形成的斑纹也复杂多变。**耳羽后斑**（post-auricular spot）这个词是指耳羽后方周围的那些对比明显的斑纹。为了准确描述斑纹，需要对该术语进行更准确的定义。**眼线**（eye-line）或**后眼线**（post-ocular line）由最上面的耳羽构成，从眼后点开始（实际上介于眼圈羽的上缘和下缘），大约延伸至耳羽后缘并向外张开。**下耳羽**（lower auriculars）近似一组矩形排列的羽毛，从耳羽下缘长出，一直到颊部，成为耳羽群的大部分下缘边界。在众多种类的鸟身上都能看到**髭条纹**（moustachial stripe）或**下耳羽条纹**（sub-auricular stripe），它指的是从眼先到眼睛下方的耳羽下缘，常常沿着下耳羽延伸开来。它通常能够与颊明确区分开来，但并没有限定是向上还是向后。

- **颊羽**（Malar） 从嘴的基部开始，向后延伸到颈部并覆盖住下颌侧面的羽区。该羽区的前端与其他羽毛界限分明，但在后面则与喉和颈侧融合在一起。颊羽有时候也称为**髭纹**（sub-moustachial stripe）。

- **喉羽**（Throat） 该羽区涵盖下颌的底部，两边的界限都较为清晰，从嘴的基部最低点开始延伸的一道无羽毛条纹将其与颊羽分开来，喉羽末端又逐渐与胸部的羽毛融合在一起。**喉侧线**（lateral throat stripe）或**须线**（whisker line）在鸟类身上也是较为常见的斑纹，它是由紧邻着颊的外排的喉羽形成的一条黑线（它也叫颊纹，但该斑纹并不包括任何颊羽）。**喉中线**（median throat stripe）是一种不普遍的斑纹（在鹰类和鹭类里很常见），指的是一条延伸到喉中心的黑色条纹。**颏**（chin）是喉的前（上）端，嘴底部的一小点细羽，通常色彩鲜明，但在野外很难看得见。

- **眼圈羽或眼环**（Orbital feathers or eye-ring） 几排围绕着眼睛并在后面向外张开的小羽毛。这几排羽毛与眼睛上方和下方的其他羽毛界限分明，但与前面的眼端羽毛融合在一起，后端并不重合。尽管鸟类眼睛周围的颜色千变万化，但同种鸟类眼睛周围的颜色是绝对一致的，这是非常重要的识别线索。内排眼圈羽毛可能会是浅色的，与后端穿插在中间的一小块羽毛构成**完整的眼周**（complete eye-ring，如黄喉虫森莺）。灰白色的内环与小部分的外环形成独特的向一边倾斜的眼环（如旅鸫）；而如果是几根黑色羽毛阻断浅色眼环，就会形成**不连续的眼环**（broken eye-rings）或**眼弧**（eye-arcs）变体（再如旅鸫）；如果眼环连接着浅色的贯眼纹，就会形成**眼镜形状**[ spectacles，如蓝头莺雀（*Vireo solitarius*）]。

- **鼻须**（Nasal bristles）　覆盖鼻孔的一小排硬短毛。鸦科的鼻须非常发达。在识别一些近缘种[ 如白颈渡鸦（*Corvus cryptoleucus*）和渡鸦（*Corvus corax*）] 时，鼻须的长短或颜色都是非常有用的线索。

- **嘴须**（Rictal bristles）　是长在喙基周围的相对较长的"须"。人们认为嘴须的作用是保护鸟的眼睛，使其远离乱飞乱撞的昆虫。但是在野外识别时，嘴须完全没有用处，但若是识别手中的鸟，还是有帮助的[ 比如，黄喉地莺（*Geothlypis trichas*）是唯一没有嘴须的莺类 ]。

# 羽毛排列与羽色模式

羽毛是形成鸟类羽色的基础要素。这些羽色是由个别羽毛的斑纹、形状和整体羽毛的排列方式构成的。由于羽毛排列是可预测的，而且在很多类群中的排列方式都是一致的，因而羽色的样式数量是相对有限的，且大多数鸟都有些类似的羽色。

很多种羽色都是仅由纯色羽毛按照特定的方式排列构成的，通常是沿着羽区的轮廓排列。例如，纯白色羽毛包围着一团纯黑色羽毛就形成了半蹼鹬的黑色胸带。在其他斑纹中，如歌带鹀上背的条纹，里面的单根羽毛都是有斑纹图案的。在所有鸟的身上常常都可以反复看到几种常见的羽毛斑纹。下列所展示的就是构成了大多数斑纹图案的六种基本羽毛斑纹类型。当你在分析基本羽区的整体

六种基本羽毛斑纹类型，从左到右依次为：条带状、斑点状、条纹状、虫蠹状、边纹状和凹纹状。

斑纹时，会惊奇地发现，这些斑纹的基础图案通常简单得令人难以置信。

## 条纹图案

腹部长有条纹图案是包括鹀类和莺类在内的很多鸟的共同特征。根据羽毛排列的条理性，只需要沿着每根羽毛的中心画一条黑线就能形成典型的条纹。在下图中，由于外观颜色的不同，稀树草鹀（*Passerculus sandwichensis*）和黄林莺总体上看来差异较大。但是，经过细致地考察就能发现，这两种鸟的图案和其他小型鸣禽身上那些条纹图案实质上是完全相同的。暗眼灯草鹀（*Junco*

这三种小型鸣禽在身体图案上具有基本的相似性：稀树草鹀（上）、黄林莺（左下）和暗眼灯草鹀（右下）。

*hyemalis*）的图示表明，哪怕某些种类的鸟身上并无条纹图案，但是通过羽毛排列方式的变化，成排对齐的羽毛边缘也可以排列出有细微条纹的假象。

## 整体羽色模式

鉴于鸟类的颜色斑纹是基于有条理的羽毛排列和单根羽毛的斑纹，那么我们应该可以推断出构成整体羽色模式的单根羽毛的斑纹样式。下图所示的是一只短嘴半蹼鹬和其部分部位的单根羽毛样式。研究这些羽毛的斑纹，应该能够让你了解整体羽色模式是如何形成的。

短嘴半蹼鹬和其部分部位的羽毛，说明单根羽毛的斑纹是如何组合成整体羽色模式的。

## 头部羽色模式

　　头部羽毛的排列是鸟类各部分羽毛排列中最为错综复杂的。这种复杂性，再结合头部羽色模式强有力的信号作用，就使得鸟类形成了丰富多样的头部特征图案，而这也成为识别鸟类时最重要和最具辨识度的野外识别标志。尽管头部斑纹各不相同，但是不同鸟类之间还是有许多相似之处的。和鸟类其他部分的模式一样，头部羽色模式在很大程度上遵循着羽区的排列规律。了解羽区是学习羽色模式的基础；同时，研究头部羽色模式的细节可以进一步区分头部的羽区。

黄林莺（左上）、蓝翅虫森莺（左下）、草原绿林莺（右上）和黄眉林莺（右下）的头部花纹。请注意：头部黑色的斑纹或多或少都与常见羽区的轮廓保持一致，而且即使是在看似无花纹的黄林莺头部也能发现羽区模式。

　　头部的羽色模式相对复杂。成排地紧密压在一起的细小羽毛从喙基部发出，向后伸展并包围住眼睛。喙基部的羽毛最小，越往头部后方越大。特化的羽毛覆盖住耳孔并环绕在其周围。不同的羽区从喙的不同部分发出，研究喙的基部是区分不同羽区的关键。随着经验的不断积累，观鸟者就能对大部分鸟的头部斑纹的变化了然于心了。

　　眼睛周围以同心圆形式分布的细小羽毛通常全部或部分是彩色的，形成一个眼环。而眼环有可能会被前后的黑色羽毛阻断，如旅鸫和黄腰白喉林莺；或只在前面被阻断，如蓝头莺雀；或不存在任何阻断，如黄喉虫森莺。黄腰白喉林莺的上眼弧连接着沿眉纹向后延伸的白色羽区。不论何种情况，斑纹的差异都是由细微的颜色差异导致的。但这些鸟的基本羽毛都是相同的。

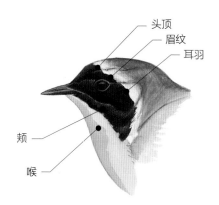

黄喉地莺，头部斑纹并没有与羽区的轮廓保持一致。黑色块的下边界与将颊和喉的羽区分开的分界线一致；上边界则穿过头顶，再穿过眼睛正上方和后面的眉纹，最后穿过耳羽的后角。

黄腰白喉林莺（左上）和旅鸫（右上），黄喉虫森莺（左下）和蓝头莺雀（右下）等四种鸣禽的头部斑纹，显示了斑纹的细节与头部羽毛排列的一般关系。

　　位于眼先和贯眼纹正上方、眼睛和喙之间的小羽毛通常是全部或部分色彩对比鲜明。全部同色时（如蓝头莺雀），就会形成"眼镜"形状。而部分同色时，就会形成一个白色贯眼纹点，如黄腰白喉林莺和旅鸫；或形成一条细小的贯眼纹条纹，如黄喉虫森莺。

　　这些鸟颊上的斑纹也很值得了解。黄腰白喉林莺的喉和颊是白色的，形成一大片白色羽区，与黑色的耳羽形成强烈的对比。黄喉虫森莺的黄色喉部和蓝头莺雀的白色喉部都比较小，而二者的颊和耳羽都一样为灰色。由于这些鸟只有喉部有一片比较窄的灰白色羽区，因此，看起来好像都戴着"头巾"一样，而这种外观不仅是由灰色的任意延伸导致的，同时还是由整个羽区的颜色分布方式造成的。

## 变换姿势会引起外观变化

　　由于羽毛非常柔韧，且可以随着鸟类姿势的调整而变换，因此，当羽毛变换位置后，整体的羽色模式也会相应发生改变。

　　当鸟类的姿势发生变化时，在所有的羽毛中，包括后颈羽和胸羽在内的颈部羽毛是最多变的。鸟的正常姿势是颈部"蜷曲着"或收缩着，且颈部羽毛紧贴在一起。有时候，若鸟颈部蜷曲得紧些，则整个姿势看起来就是一副弓背蓬松的感觉；而在其他时候，若鸟是延展开来或挺直而立，则其后颈和胸部的羽毛就会伸展开来，覆盖住整个颈部。

歌带鹀，左边的羽毛平整光亮且颈部伸展开来，而右边的羽毛蓬松且颈部缩着。不妨比较一下它们的羽毛位置以及由此形成的斑纹。

麻雀，左边的颈部伸展开来，右边的颈部缩着。请注意颈部羽
毛的角度变化是如何引起鸟类外观改变的。

弗氏燕鸥（*Sterna forsteri*）在警戒时（上）、休息时（中）和蹲
立时（下），其黑色顶冠的形状会随姿势发生变化。该图展示
了其颈部伸展开来时，后颈羽毛是如何向下延伸的。

正如 127 页歌带鹀的图所展示的，蓬松的羽毛和蜷曲的颈部形成的斑纹，与平整光亮的羽毛和伸展开来的颈部形成的斑纹是不同的。蜷曲的颈部和蓬松的羽毛使得后颈和胸部的羽毛紧紧挤压在一起，在颈部周围形成一个窄小的圆环，从背部中心发出的条纹向周围伸展并在胁处向上弯。而羽毛平整光亮时，就会形成笔直的纵向条纹。此外，蓬松的肩部和胁部羽毛将翅膀大部分遮盖住，露出了肩的灰色基部。

学习这些外观变化是非常重要的，但学习不变之处也同等重要。要记住，即使羽毛可以上下左右移动，它们的长度和形状是不会发生变化的，并且总是和周围的羽毛一起移动。此外，翼和尾部羽毛的长度、形状和排列方式是不会发生变化的，而且各羽区也不会改变相对位置。这些意味着羽色模式的变化方式是非常有限的。

# 尾部和翼的结构

尾部和翼上的羽毛包括覆羽，与鸟类身上其他部分的羽毛有所不同，其分布和变化模式与体羽不同。为了解翼和尾部的整体羽色模式，有必要对这些羽毛进行单独学习。

## 尾部结构和变化模式

鸟类尾部运动模式和翼相似（参见第133页），但尾部的运动模式相对简单，因为尾部像是一个可以展开或合上的扇子。大多数鸟尾部有12根羽毛（称为尾羽），共6对。一般来说，鸟类的尾羽是相互对称的。尾合上时就会从上往下叠在一起，中央尾羽在最上侧，最外侧的尾羽在最下侧。根据这样的排列方式，俯视鸟尾时，只能看见中央尾羽的上部和其他尾羽的外缘；而仰视时，就只能看到外侧尾羽的下部。

尾羽展开时，通常每根羽毛都能被看到，但若俯视，看见的主要是外翈[①]，而仰视时，看见的则主要是内翈。许多鸟的外侧尾羽都有白色斑纹，多数是在尾羽张开时才看得到。

---

① 译者注：翈 xiá，即"羽瓣"（section of feather），通常位于翼羽和尾羽中，以羽轴为界，两边羽片分别为内翈和外翈，是鸟羽的组成部分。

　　尾羽及其尾部形状是极其多变的。多数鸟的尾部进化出展示或其他功能［如雉类、八哥类和剪尾王霸鹟（*Tyrannus forficata*）］。而有些鸟是没有尾部的（如鹛鹛[①]）。尾覆羽的长度也是多变的，这就决定了尾部可视面积的大小。有些鸟尾上覆羽的长度几乎能达到尾端，因此观鸟者误认为这些羽毛的颜色就是鸟尾的实际颜色。雄孔雀那光彩夺目的"尾巴"其实只是它们极力张开的尾上覆羽。

　　鸟尾形状取决于各尾羽的相对长度，同时鸟尾形状也是一条重要的鸟类识别线索。大多数雀形目鸟有方形的或略圆的尾部，每根尾羽长度都差不多。有些鸟的中央尾羽最短，外侧尾羽较长，形成具有凹痕的叉状尾；而另一些鸟的中间尾羽最长，外侧尾羽显得较短，形成一条圆形的、楔形的或阶梯形的尾。

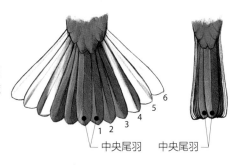

暗眼灯草鹀典型的"方形"尾：尾羽展开时，露出白色外侧尾羽（左）；合上时又将外侧尾羽隐藏在两根中央尾羽之下（右）。

中央尾羽　　　中央尾羽

鸟类的尾羽类型：圆尾，如灰蓝蚋莺（*Polioptila caerulea*）（左）；凹尾，如紫朱雀（中）；近凹尾，如暗眼灯草鹀（右）。除这些外，还有其他不同的尾羽形态。

① 译者注：鹛鹛类尾短小，外观上尾不易察觉。

如果中央尾羽稍稍向两侧偏移，那么会形成两叠羽毛，使得中间部分下凹。这时要判断鸟尾形状就有一定的困难。如鹩的方尾就有这样一个明显的下凹。但是经过进一步观察，或鸟将自身羽毛重新排列，观鸟者通常就能看清这个假象。

换羽也是判断鸟尾形状的一个重要参考因素。生长中的羽毛要短于长成的羽毛，而且在生长过程中，由于某些羽毛缺失或未长成，故而尾部可能会形成各种奇怪的形状。所以必要的知识和细致的观察才能帮你少走弯路。

尾羽一般都色彩鲜明，而且通常也是人们能看到的鸟的身体部分（例如，当鸟类隐藏在茂密的植物中时），因而尾羽可以提供一些有用的识别线索。许多鸟（如蓝翅虫森莺）的外侧尾羽上有标志性的成片白色色块，且由于这些尾羽占据大部分可视区域，因而，仰视时，鸟尾从来都以白色为主。当鸟尾像往常那样合上时，俯视或从侧面看，却看不到一点白色，而只能看见中央尾羽和外侧尾羽的外缘。但当鸟尾张开时，俯视能够看到外侧尾羽上的白色斑纹形成了一道夺目的白色闪光。

我们很容易理解贯穿尾尖的白色或黑色条纹是如何形成的。同样地，单根羽毛的斑纹所发生的细微变化对条纹形状的影响也显而易见。许多鸟尾上白色区域的形状和展示出的面积是很重要的识别线索，此外，了解鸟尾上白角、白边和白尖之间的差别是通过鸟尾斑纹识别鸟类的关键所在。

蓝翅虫森莺尾上的白色斑纹随着观看角度和尾羽位置的变化而发生变化。许多其他鸟类也是如此。

## 翼的结构和变化模式

鸟类的翼堪称一项工程学奇迹——它非常轻，沿着身体侧面紧密收起，不会影响鸟的行走和游泳。翼收起时，翼上的羽毛一定会相互重叠，最终一层压一层地堆叠在一起，只露出外缘。翼张开时，羽毛随之成扇形，翼表面得以扩大。观鸟者要多加练习，才能够在翼张开或收起时，辨认出翼上所有不同的羽区。

鸟类的翼收在身体两侧时，通常会被肩部和胁部的羽毛遮盖，寒冷的天气里尤其如此。这时候，我们可能根本看不到翼。一般情况下，鸭类和其他大多数游禽的翼几乎会被躯干上的羽毛完全遮盖住。而松鸡的翼可能会完全隐形——甚至连初级飞羽也会被其腰上的羽毛覆盖。

鸟的翼是通过两个关节点折合起来的，相当于人类的肘和手腕。手腕或腕关节是折合起的翼的前节点。翼收起时，侧面的羽毛通常会把这个节点遮盖住。翼主要的羽毛（通称飞羽）的名字是由它们在翅骨上的连结点决定的。其中，初级飞羽着生在"手部"[①]上，而次级飞羽和三级飞羽是着生在"前臂骨"[②]上。

初级飞羽像扇子一样张开和收起，而次级飞羽收起时的样子就像威尼斯式软百叶帘。翅膀收起后，初级飞羽和次级飞羽会叠在一起，三级飞羽叠在最上面。此时，只能看见羽毛的外缘部分，大多数初级飞羽都隐藏在次级飞羽之下，而次级覆羽则较为突出。从翼

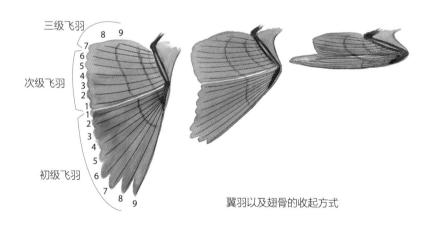

翼羽以及翅骨的收起方式

---

① 译者注：指腕骨、掌骨和指骨。

② 译者注：指尺骨。

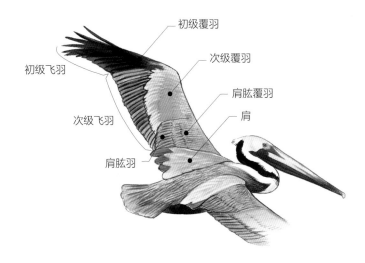

初级覆羽

次级覆羽

初级飞羽

肩肱覆羽

肩

次级飞羽

肩肱羽

褐鹈鹕（*Pelecanus occidentalis*）较长翼的羽毛结构。肩肱羽在翅膀底部形成一个近似长方形的斑块。

中心开始，初级飞羽和次级飞羽依次向外排列（大多数鸟都是以此方式换羽）。

鸟类翼上的每根羽毛的基部与一根更小的羽毛重叠，并被这根更小的羽毛保护着。这些更小的羽毛即覆羽，在翼上一排排整齐地排列着。翼上最长的覆羽称为大覆羽，是以其覆盖的羽毛命名的，例如，大次级覆羽与次级飞羽重叠。这些覆羽又与中间一排覆羽重叠，即中覆羽，而与中覆羽重叠的较小的覆羽，称为小覆羽。覆盖翼前缘的细小羽毛叫作翼缘覆羽。因而，即使鸟在飞翔时挥动翅膀，整对翼的外观仍然呈光滑的流线型。

翼上覆羽比翼下覆羽更坚韧，排列得更有条理，且所形成的斑纹更清晰。非雀形目鸟，如鹰类、鸥类、鸭类等，它们的翼下覆羽面积几乎和翼上覆羽的面积一样大，且排列体系相似，而且通常还有一个醒目的斑纹。而雀形目鸟的翼下覆羽只占据了一小部分面积，蓬松，且几乎没有或完全没有任何羽色模式。

在鸟的上体部分，翼的基部被肩羽盖住，分别在背部的两侧各形成一块独立的羽区。鸣禽的肩羽相对较小且不明显，而蜂鸟的肩羽更小。鸥类和其他长翼鸟类的肩羽则非常明显，在飞行时会遮盖住大多数的三级飞羽。翼下的那些相同的羽毛就是腋羽，是一组自翼基部的一个点向周围发散的长羽毛。长有长翼的非雀形目鸟（如鸭类、鸥类和鹬类）的腋羽较为发达，而雀形目鸟则完全没有腋羽。

大多数鸟类的"上臂"——肱骨——较短且没有羽毛。但诸如鹈鹕等翼特别长的鸟类，它们的肱骨上有羽毛，称为肩肱羽，还有相关的肱覆羽。在鸟张开的翼的上端，靠近躯干处就可以看见一大片肩肱羽和肱覆羽，其大部分与肩羽重叠。

### 凹缘与凹痕

凹缘与凹痕是初级飞羽外缘上的修饰。由于这些缺刻的存在，羽毛顶端相对狭窄，因此，在翼张开时，这些羽毛看起来就如同手指一般。每根羽毛内翈上的凹痕总是与紧邻的内部羽毛外翈上的凹缘相对应，由此形成的翼端"窄缝"和飞机的襟翼一样都能够提高空气动力。雀形目鸟羽毛上的凹缘细节可以提供一些重要线索，而穴小鸮（*Athene cunicularia*）的外侧初级飞羽，以及其上面的凹缘与凹痕，其与邻近的羽毛组合，形成翼端上狭窄的"翼指"。

这些线索主要是识别停在手上的鸟儿时才有用，对野外识别帮助不大。当然，如果野外条件非常好，也是有可能看到这些细节的。鹰类羽毛上的凹缘差异就较为明显，而鹰类"翼指"的数量也是识别一些鸟的重要线索。

### 初级飞羽末端延伸

初级飞羽末端延伸指的是在翼收起时，最长的初级飞羽超过三级飞羽尖端的部分。在鸟翼收起时，它是一个非常有用的翅膀结构标志，进而也是许多鸟类的重要特征。通常情况下，相对而言，翼更长更尖的鸟（如斯氏夜鸫），其初级飞羽末端延伸要比翼较短较圆的同种类其他鸟（如隐夜鸫）长，而初级飞羽末端延伸的长度主要取决于初级飞羽、三级飞羽和臂骨的相对长度。

有一个可以在野外测量初级飞羽末端延伸长度的客观方法，即数出能够看见的超过最长次级飞羽的初级飞羽尖端的数量（但要意识到观看的角度会对结果产生影响）。有个可参考的相关结构线索：翼端的长度与尾的长度之间的比例，即到底是翼端长于尾端，还是尾端长于翼端，以及长出多少。

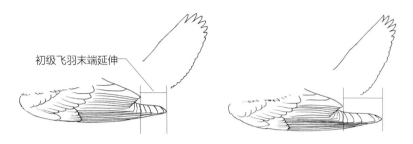

鸟翼张开或收起时，尖翼端和圆翼端的对比：隐夜鸫（左）和斯氏夜鸫（右）。

黄腹鹨（*Anthus rubescens*）（左）和雪松太平鸟（*Bombycilla cedrorum*）（右）合起的翼，以及三级飞羽的长度对于整体初级飞羽末端延伸长度具有重要的对照作用。

许多野生鸟的三级飞羽特别长，如水鸟和鹨类，这就相对缩短了初级飞羽末端延伸的实际长度。虽然有些鸟（如黄腹鹨）的初级飞羽较长，但也会被更长、更宽的三级飞羽遮盖住，导致完全没有初级飞羽末端延伸。虽然雪松太平鸟的初级飞羽相对较长，但其三级飞羽很短，故形成了较长的初级飞羽末端延伸。

### 翼的弧度

翼的弧度是用于测量停在手上的鸟的初级飞羽外侧相对长度以及翼端的尖锐度或圆弧度的一种方法。该方法的要点在于：找出哪根初级飞羽是最长的，以及明确一些细节，如哪根内部初级飞羽的长度和最外侧的短初级飞羽的长度是一致的。如果野外条件足够好，也是有可能弄清以上要点的，而对诸如纹霸鹟等鸟的识别也许应借助这些信息。

在鸟收拢的翼上，可以透过初级飞羽尖端之间的间隙，观察到某些细节信息，而这些细节信息对于识别一些相似的鸟是大有裨益的。通常情况下，鸟的翼越长、越尖，它们的初级飞羽尖端之间的间隙就越大；反之，如果翼越短、越圆，它们初级飞羽尖端之间的间隙就越小。

## 翼的羽色模式

翼的羽色模式是由单根羽毛的颜色和羽毛的排列方式共同决定的。常见的这些羽色模式，都是通过羽毛的整齐排列形成的，经过学习便一目了然。最长的飞羽 —— 初级飞羽和次级飞羽 —— 组成了翼的后部和翼端。翼的其余部分覆盖着成排的覆羽，因此最小的羽毛位于翼的前缘，而靠近后缘部位则能看到几排稍大些的羽毛。

翼覆羽通常有规律，且按照一定的条理排列，因此，所有单根羽毛上的简单斑纹组合在一起，就形成了一些更大的羽纹图案。只有俯视的时候才能看见翼上覆羽；同样地，仰视的时候才能看见翼下覆羽。因此，仰视时完全看不到伯氏鸥的黑色腕带或莺类的覆羽色带等斑纹；而从北美黑鸭（*Anas rubripes*）等种类的翼上，则会看到微黑的翼上覆羽和白色的翼下覆羽，而且两者差异明显。鸟翼上下两面的羽色模式截然不同。

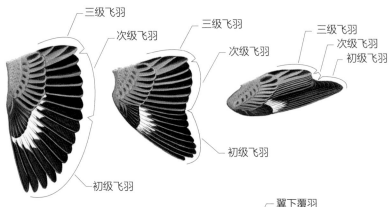

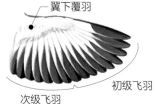

俯视时雄性黑喉蓝林莺的翼的收起方式，以及翼处于不同姿势时，各羽区的重新排列方式。俯视时雄性黑喉蓝林莺翼的状态。请注意，雀形目鸟的翼下覆羽相对较少。

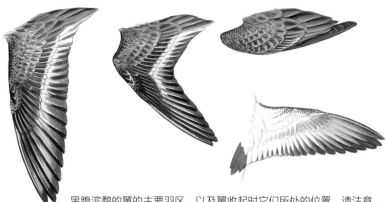

黑腹滨鹬的翼的主要羽区，以及翼收起时它们所处的位置。请注意，这种长翼鸟类的翼收起后，翼上覆羽就成为一个非常突出的特点，长的三级飞羽几乎完全将初级飞羽和次级飞羽覆盖住。初级飞羽和次级飞羽的灰白色基部和大覆羽的白色尖端共同形成了一条翼带。

黑腹滨鹬的翼下（右下）与翼上有截然不同的斑纹。翼下覆羽面积较大且排列得较有条理。

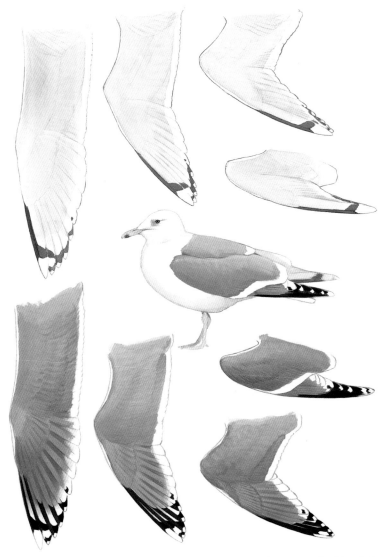

泰氏银鸥的翼收起时，翼上下的羽色模式的变化方式，以及当初级飞羽分别处于完全张开、部分张开或收起时，俯视和仰视时所观察到的翼尖斑纹的变化。请注意，合起时翼尖的正面和反面有差异：正面看得见许多初级飞羽末端，反面只能看见最外侧的初级飞羽。

博氏鸥（第一年冬羽）具有一种常见的翼斑，称为腕带，它是穿过覆羽的一条黑色斜斑纹。这种斑纹在其他种类的鸟身上也演变出许多不同的变化。同时，请注意，在翼收起时，深色初级飞羽会形成醒目的黑色翼端，而在张开的翼上却没有那么明显。

    不管是俯视还是仰视，初级和次级飞羽都是一样的，只不过它们通常会展示出不同的斑纹。同一羽毛的正反面颜色一般不同。例如，红头美洲鹫的飞羽正面是深黑棕色，反面则是银灰色。此外，由于飞羽彼此重叠，有些花纹只有俯视时才能看得到，如黑喉蓝林莺次级飞羽上的亮蓝色外缘，而同根羽毛反面的白色内翈必须仰视才能看到。

### 光线对于鸟翼羽色模式的影响
    当你仰视逆光飞行的鸟类时，你可以透过半透明的羽毛看清翼的结构。翼前端由翅骨和肌肉构成的部分能够挡住光线，看起来是灰暗且不透光的。而翼的大部分是半透明的，因为这些部分只不过

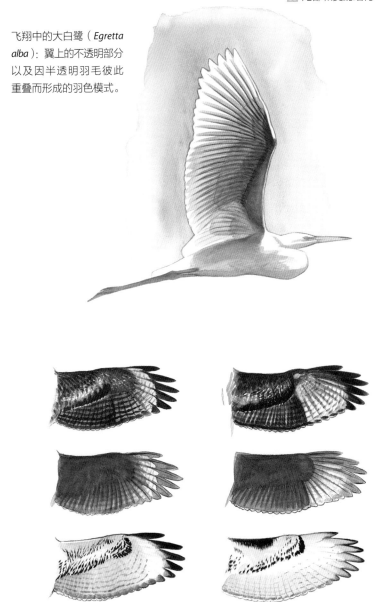

飞翔中的大白鹭（*Egretta alba*）：翼上的不透明部分以及因半透明羽毛彼此重叠而形成的羽色模式。

亚成体的赤肩鵟（*Butteo lineatus*）（左列）和红尾鵟（右列）的翼：从正面看时的羽色模式（上排），从背面看时羽毛所形成的半透明羽色模式（中排），以及翅膀内侧的实际羽色模式（下排）。

是几层紧贴在一起的羽毛，可以让部分光线透过。所有的羽毛都是从皮肤长出的，因此照射在翅骨正后方的光线不仅需要穿透外部可见的小覆羽，还需要穿透大覆羽和飞羽基部，才能被看到。但很少有光线能够穿透如此多层的羽毛，所以鸟翼的这一部分看起来是不透明的。而顺着小覆羽尖端和大覆羽的方向，向翼的后缘观察，照射在这些区域的光线只需要穿过飞羽就可以被看到。在这部分区域，飞羽有规则地排列着，羽毛互相重叠的部分形成了暗一些的条纹；而只有一层羽毛的地方，条纹则更明亮些。可以注意到，次级飞羽覆盖的部分要远大于初级飞羽，只有初级飞羽的部分透过的光线会更多一些。

所有鸟的这种羽色半透明的规律都是一致的，我们看到的背光飞行的鸟类大多如此。由于羽毛上的黑色素可以阻挡部分或全部光线，飞羽和覆羽上的黑色斑纹在逆光下会显得格外突出。而且即使翼下方的斑纹图案看起来完全不同，我们也能通过羽色半透明的规律看到翼上方羽色的明暗规律。

# 裸区

鸟类的裸区指身上不长羽毛的部分，包括眼睛、喙部和跗跖。有些鸟的眼睛或嘴基部的周围只有额外的裸露皮肤，而没有羽毛。通常裸区的颜色和斑纹对鸟类识别很有帮助，不过在斑纹构成规则方面，裸区与羽毛有所差异。

既然皮肤是鸟类身体的一部分，那么其颜色就受到鸟体内激素或行为状态的控制，变化频率也是从每周一次到瞬息万变。羽色的变化是通过羽毛磨损和换羽实现的，总体来说，还是可预测的、循序渐进的且不可逆转的，而裸区的颜色变化则是无章可循、转瞬之间的事情。美洲巨隼（*Caracara cheriway*）的面部皮肤颜色在几秒内可以从浅蓝色变成淡红色，然后再变回来。许多鹭科鸟类在求偶期间，面部皮肤和跗跖的颜色可以变深，但这种颜色仅持续一两周。事实上，随着年龄或季节的变化，每种鸟的喙、跗跖和眼睛的颜色都会发生一些变化。比如，北美金翅雀（*Carduelis tristis*）喙部的颜色会随着季节的变化而变化（参见第169页）。

裸区颜色的变化不一定与羽色变化一致。经常可以看到，一只鸟全身几乎布满成鸟的羽毛，但裸区仍旧是亚成体的颜色；或反过来，有的裸区已为成鸟的颜色，但羽色仍是亚成体的。

## 眼睛细节

鸟类眼睛的颜色也会对识别起到一定的作用，但在观察时要稍加留神。如果观察距离稍远，鸟类眼睛虹膜的颜色都将难以判断，况且其还相当多变。若某种鸟成年时虹膜是浅色的，那么其亚成体时通常是深色的，如遇到延迟发育或其他情况，都可能导致鸟在成年后仍保持深色虹膜。而一只眼睛灰白色，另一只眼睛黑色，这种情况也并不稀奇。因此，绝不能将虹膜颜色作为一条主要识别特征来对待。

- **眼圈**（Orbital ring） 紧紧围绕着眼睛外沿的没有羽毛的皮肤，通常为黑色，但也有些鸟的眼圈色彩鲜明。有些种类（如一些鹦鹉类和八哥类）的眼睛周围还有一大片没有羽毛的皮肤，称为**眼周**（periorbital）。值得注意的是，所有的鸟都有眼圈，多为深灰色。我们通常只关注那些色彩鲜明的眼圈（如多种鸥类的眼圈）。
- **瞳孔**（Iris） 眼睛的中心。所有鸟的瞳孔都是黑色的。
- **虹膜**（Pupil） 瞳孔周围的彩色外缘部分。

## 喙部结构

因为喙的结构很坚固，不会受到羽毛和整体形状变化的影响，所以喙的形状和结构通常是识别鸟类的关键。因为喙也是区分鸟类头部许多羽区的基础，所以掌握喙部结构的基本知识很重要。熟悉喙部各个部分的相对形状和比例对于区分一些难以辨识的鸟（如贼鸥类、潜鸭类和鸥类）极为有效。

- **下嘴**（Lower mandible）　喙的下半部分（有时简称为嘴）。羽毛向上延伸到下嘴基部侧面的那个起始点称为**颊尖**（malar apex）。自颊尖开始，沿着下嘴的侧面向后延伸的羽区称为**颊纹**（malar group）。羽毛向上延伸到下嘴基部上端的起始点称为**腹尖**（ventral apex）。自腹尖开始，分布于下嘴底部的羽区称为**喉纹**（throat）。

- **上嘴**（Upper mandible）　喙的上半部分（有时候称为第二小颚）。羽毛向上延伸到上嘴基部的那个起始点称为**额尖**（frontal apex）。

- **嘴峰**（Culmen）　喙的上缘。可以利用嘴峰曲率的细微差别来区分一些非常相似的鸟类。

- **嘴甲**（Nail）　上嘴的尖端（如右图所示）。有些种类的嘴甲与喙部其他部分的差别较为明显（除了鸥类）。嘴甲的具体形状和比例是鸟类识别的有效标志。

该图展示了绿头鸭喙尖端上的嘴甲。

- **蜡膜**（Cere）　上嘴基部上的一个肉质部位，包围着鼻孔。鹰类和隼类的蜡膜较为明显。

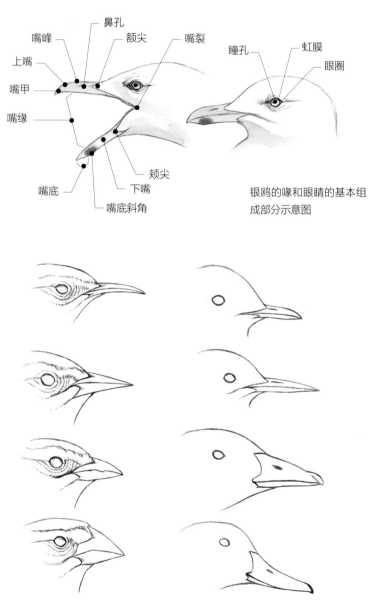

鼻孔

嘴峰　　　　　额尖　　　　嘴裂　　　　瞳孔　　　虹膜

上嘴　　　　　　　　　　　　　　　　　　　　　眼圈

嘴甲

嘴缘

颊尖

嘴底　　　　　　　下嘴

嘴底斜角

银鸥的喙和眼睛的基本组成部分示意图

鸟喙形状变化情况。所有鸟的喙部基本结构都是相似的：嘴裂、嘴底和喙基部及其周围的羽毛，不同鸟类的喙虽有些许差异，但是有很多共同点。

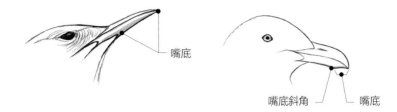

卡罗苇鹪鹩喙的下端（左），以及银鸥（右）的喙底斜角。有些鸟的喙底斜角在下喙侧面的闭合处较为明显。

- **嘴底**（Gonys） 下嘴底部两侧闭合交汇点以外的部分。下嘴的基部相对较宽，底部的一条凹槽将侧面清晰地分成两半，越靠近喙的尖端越窄，下嘴的两侧也逐渐靠拢，最后交汇在一起。从两侧交汇点到喙尖这一部分呈扁平状或圆形。从侧面看，位于喙底部侧面交汇处的**嘴底斜角**（gonydeal angle）很明显。所有鸟都有一个嘴底斜角，但有的可能不太明显（近乎扁平状）或非常靠近喙的基部（如大多数雀形目鸟）。

- **嘴缘**（Tomia） 上嘴和下嘴较锋利的边缘部分，也称为切边。嘴缘实际上是用来捕捉猎物的。

- **嘴裂**（Gape） 上嘴和下嘴的交汇点。从嘴裂开始向后延伸的线将上方的耳羽羽区和下方的颊羽羽区分隔开。嘴裂也称为结合处或嘴角。

# 13

# 换羽

所有的自然之物都有绝妙之处。

—— 亚里士多德

**换羽的基本原理**

换羽特指鸟类更换身上羽毛的过程 —— 脱去旧的羽毛，长出新的羽毛。由于羽毛会随着时间的推移而磨损，丧失保温或防水的功能、降低飞翔能力，因此换羽非常必要。但对一些种类而言，换羽只是为了更换成季节性的羽色。鸟类都会换羽，而且通常情况下，每年至少会进行一次完全换羽。换羽只会在每年的特定时间发生，而非全年进行，因此换羽的阶段可作为一种有用的野外识别特征。

换羽提供了一些鸟类识别的直接线索，此外，了解换羽模式和过程是我们理解羽色变化的关键。能否识别出新旧羽毛的差异、理解羽毛磨损，并认识其随着季节和年龄变化而产生的差异，都取决于我们对鸟类换羽模式的掌握程度。换羽是我们了解鸟类羽色

变化的关键，一旦了解了换羽模
式，就能够根据鸟类的年龄和季
节判断其羽色变化。熟悉换羽的
人不仅可以对一种鸟进行概括，
而且可以对处于不同年龄和季节
的鸟的羽色外观进行更精确的描
述，进而能够更快速、更准确地
识别。

黄嘴美洲鹃（*Coccyzus americanus*）一根初级飞羽的生长过程。

　　羽毛都是从皮肤的每一个特
定的皮肤羽乳头上长出来的，只需一段时间就能基本长成，通常也
就是几周而已。就像人类的头发一样，羽毛一旦长成，就会受到阳
光和磨损等外部力量的影响。羽毛颜色是羽毛在生长过程中由于机
体的激素以及食物中的色素作用而形成的。

　　每根新羽毛都是从皮肤上的滤泡中一段较短的羽鞘里生长起
来的。首先生成羽锥，随后从羽鞘中长出，接着羽毛的其他部分也
渐渐地凸露出来。经过几周时间，羽毛完全长成（较大的羽毛可能
需要长达十周之久），此后羽鞘就会自动剥落。如果鸟类羽毛在生
长的过程中经受了某些环境压力，如缺少食物，羽毛的生长速度就
会延缓，并可能在长出的羽毛上留下隐约的条纹，称为缺陷条纹
（fault bars）。

　　通常情况下，换羽以左右对称的方式进行，而且其模式是有规
律的。同年龄段的同种鸟通常在每年同一时间换羽，而且每只鸟通

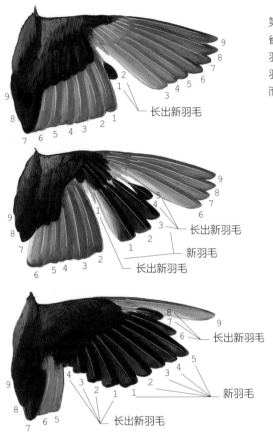

第一年的雄性猩红丽唐纳雀的右翅，以及其飞羽换羽的正常顺序。左翅的换羽形式与右翅的非常相似，而且同步进行。

常也以同样的顺序来更换同部位的羽毛。最明显也最容易预测的要数更换翅膀上的大片飞羽了。诸如猩红丽唐纳雀等鸣禽，一般都是从最内侧的一枚开始（见上图），待更换完几根初级飞羽之后，次级飞羽就开始向着身体躯干的方向逐次更替。这时的换羽是自翅膀中心向两个方向同时进行，三级飞羽通常会在大部分次级飞羽更换完之前就已经更换了。初级覆羽是和对应的初级飞羽同时更换，但次级覆羽的换羽时间先于对应的次级飞羽。

换羽是一个极其消耗能量的活动。鸟类必须尽快长出一身新羽（占身体重量的10％～15％，且更换过程中需要消耗大量的蛋白质）。同时，鸟类既要满足日益增长的营养需求以加快换羽的速度，也要承担因为羽毛缺失和生长所造成的能量损耗。通常情况下，鸟类在换羽时不会再进行筑巢或迁徙等其他能量消耗巨大的活动。

每种鸟（或者一个种群）都逐渐形成了一个固定的换羽时期。在此期间，要确保食物相对丰富，且没有其他过高能量消耗的活动，以此来确保换羽成功。每种鸟换羽时期都相当严苛，并且和其他近缘种也不同。通常情况下，长距离迁徙的候鸟 [ 如普通燕鸥、美洲燕（*Petrochelidon pyrrhonota*）和美洲夜鹰（*Chordeiles minor*）] 是在秋季迁徙后于南美洲的越冬地换羽；而短距离迁徙的候鸟 [ 如弗氏燕鸥、穴崖燕（*Petrochelidon fulva*）和小灰眉夜鹰（*Chordeiles acutipennis*）] 则是在迁徙之前于北美的繁殖地换羽。上述例子中的鸟换羽的特定时间是非常有用的识别线索。例如，在美国换羽的具淡黄色尾部的燕子都很有可能是穴崖燕，而不太可能为美洲燕，因为后者是在秋季迁徙后于南美洲换羽的。

## 换羽的术语

目前主要有两大用于描述鸟类的羽衣和换羽模式的术语体系，虽然这两大体系来源于不同的概念系统，但是人们还是经常将体系中的术语（不准确地）交叉使用。**生命年系统**（Life Year System）是观鸟者们使用最广泛的术语系统。该术语系统主要描述鸟类的外观，并不包含换羽时期、鸟类的年龄和性成熟时间等。鸟类从出壳开始到第二年夏天，在长到大约 12 个月大之前这一年时间里，都被称为**一龄鸟**（first year）。一龄鸟的这第一年又可以细分成幼鸟、第一年冬羽或第一年夏羽。在鸟类快速成长的第一阶段，也就是在鸟巢里脱落绒毛后，这时的鸟被称为**幼鸟**（juvenile）。随后，外观继续发生变化，通常从 9 月到次年 3 月间的属于**第一年冬羽**（first winter）；从 4 月到 8 月之间的属于**第一年夏羽**（first summer）。许多鸟在第一年的时候会进行一年一次的完全换羽，换完后的羽毛，就是其第二年时的外观（对于许多鸟类来说，这就是成年的模样），这身羽毛会一直保持到下一年夏天。鸟类的第二年[①]，它们可能会被称为**第二年冬羽**（second winter）或**第二年夏羽**（second summer）。不管鸟类是第一年、第二年还是更大，一旦换上成年的羽衣，就步入了**成鸟**（adult）的阶段。

描述换羽模式和换羽术语的系统叫作汉弗莱 - 帕克斯（Humphrey-Parkes）换羽系统（下文简称 HP 系统），它是以其提出者菲利普·S. 汉弗莱（Phillip S. Humphrey）和肯尼思·C. 帕克斯（Kenneth C. Parkes）的名字命名的。该系统不仅可以帮助了解鸟类换羽规律，而且也有助于理解鸟类年龄和羽毛的变化。本书采用了史蒂夫·N.G. 豪威尔等人近期提出的对 HP 系统进行修改的建议（未出版的手稿）。

**完全换羽**（complete molt）指的是体羽、飞羽和尾羽的全部更

---

① 译者注：second year，鸟类的第二年，该阶段的鸟为二龄鸟。

换。所有鸟类每年都会进行一次完全换羽，大多数鸟类通常在夏末或早秋进行。而这次换羽就称为**基本羽前换羽**（prebasic molt），换羽后新长的羽毛就是**基本羽**（basic plumage）。鸟类都有基本羽，每年都会进行更新。

另外，许多鸟每年都会针对头部和躯干上的一些羽毛进行一次额外的**局部换羽**（partial molt），通常是在冬末或早春。而这次换羽被称为**替换羽前换羽**（prealternate molt），部分换羽后获得的就是**替换羽**（alternate plumage）。许多鸟都有替换羽。由于只是局部换羽，新长出的替换羽会与原有的基本羽一起经历磨损。飞羽和尾羽每年仅在更换基本羽时替换一次。

从根本上来说，使用 HP 系统与使用生命年系统判断鸟类年龄的方式是一致的。从出壳开始到一年后的基本羽前换羽的这段时间被认为是鸟类的第一年［这时的羽毛是**第一基本羽**（first basic）和**第一替换羽**（first alternate）］，而第二年就是从第一基本羽前换羽开始到下一次基本羽前换羽，以此类推。如果羽毛的外部形态达到了成年状态，那么它以后新换羽毛也不会改变外貌，这时的鸟可以说达到了**最稳定状态**（definitive stage）。许多鸟早在性成熟之前就长出了成鸟的羽毛，而"最稳定状态"一词指的是成熟的羽衣状态，而不是指鸟在其他方面的"成年"。

大多数鸟第一年的换羽时期与之后的会有细微的不同。HP 系统将鸟在快速成长的第一阶段获得的羽毛称为**稚羽**（juvenile plumage）。豪威尔等人认为，稚羽等同于**第一基本羽**，因为稚羽是在完全换羽时获得的，而且会在大约一年后的基本羽前换羽期间被更换掉。许多鸟会在离开鸟巢前更换部分稚羽，而在离开鸟巢后的几周或几个月里，它们就会进行一生仅一次的局部换羽。传统上将这次换羽称为**第一基本羽前换羽**（first prebasic molt），只是因为这次换羽所获得的羽毛与之后基本羽前换羽所获得的羽毛很相似。但是豪威尔等人建议将这次换羽称为**定型羽前换羽**（preformative molt），而换羽后获得的羽毛就称为**定型羽**（formative plumage）。这一细微的修改简化了对鸟类第二年时或年龄更大时的羽毛的命名，而且还将稚羽（第一基本羽）与之后所获得的基本羽联系在了一起。

关于上文所说的大致换羽周期，鸟类中鲜有例外情况。据文献记载，有两种北美洲鸟类——弗氏鸥和刺歌雀（*Dolichonyx oryzivorus*），它们每年有两次完全换羽，一次是完全的基本羽前换羽，另一次是完全的替换羽前换羽。此外，一些其他鸟类有近乎完全的替换羽前换羽，更换掉部分飞羽（如一些麻雀和燕鸥类）；或有一次完全的定型前换羽（如紫翅椋鸟）。还有极少数鸟每年多了一次局部换羽，这第三次换羽称为**补充羽前换羽**（presupplemental molt），而换羽后获得的羽毛就称为**补充羽**（supplemental plumage），如雷鸟和第一年的靛蓝彩鹀。

要知道，无论鸟类其他部分的外观如何变化，飞羽及尾羽的斑纹全年都是一样的。这是了解鸟类换羽意义的一个实际例子。无论是在稚羽（第一基本羽）期、定型羽期或是第一替换羽期，纹胸林莺（*Dendroica magnolia*）的尾羽斑纹看起来都是一致的，因为在局部换羽期，其尾羽并未更替。

人们之所以会选用基本羽、替换羽、定型羽等术语，是因为它们不会把换羽、羽衣与其他任何生活史周期（例如，繁殖期/非繁殖期，夏季/冬季）联系起来，而只会简单地描述换羽活动。将换羽术语与其他生活史周期分开有很多优点：不但简化了换羽和羽毛的命名，而且提供了一种可以在任何情况下应用到所有鸟类身上的术语系统。更为重要的是，这些术语实际上也说明了鸟类换羽的基础规律，而比较它们的换羽规律，可以帮助我们理解不同鸟种之间的差异。

换羽与繁殖周期、季节之间固然存在着千丝万缕的联系，但这种联系并不适用于所有的鸟类，因此，观鸟者不应该将 HP 系统与生命年系统随意互换使用。HP 系统描述的是换羽，而生命年系统描述的是鸟类的外部形态。两种系统各有各的优点，观鸟者（观察鸟的外部形态）应该继续使用生命年系统，以达到其大部分观察目标，当且仅当特别提及换羽的时候，才应引用 HP 系统。

多数情况下，将鸟类一年中部分月份的多彩替换羽称为"繁殖羽"是有道理的（如鸭类、林柳莺类以及其他鸟类），因为颜色鲜明的羽毛可能具有求偶的功能。观鸟者可以随意使用"繁殖羽"来描述这些个体，但是应该记住，有些鸟的"繁殖羽"或"夏羽"是在秋天换羽后形成的，而夏天换羽后长出来的是"非繁殖羽"或"冬羽"，比如许多雄性鸭科类。雌鸭的换羽时间则与雄鸭大相径庭。雷鸟羽毛经历着与繁殖没有直接联系的显著季节变化，其夏季繁殖羽的功能其实是为了隐蔽，而不是求爱。此外，许多鸟种［包

括长嘴沼泽鹪鹩、短嘴沼泽鹪鹩（*Cistothorus platensis*）、麻雀等]
都和鸭子以及雷鸟一样经历了同样的替换羽前换羽，并且换成了与
基本羽一样的羽毛。这可能是与它们的羽毛经常过度磨损有关，需
要及时更换。

## 换羽周期

尽管刚开始观鸟时，你会认为鸟类的换羽模式多种多样，但
是鸟类实际上只有四种换羽模式。这四种模式包括成鸟拥有替换
羽的两种换羽模式，以及成鸟没有替换羽的两种换羽模式。最简单
的模式被称为原始基本模式（primitive basic strategy），随后是修正

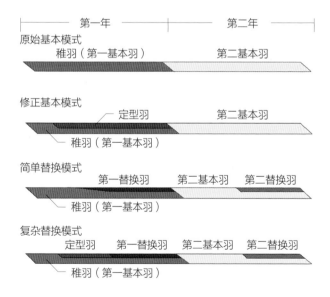

鸟类的四种基本换羽模式（由豪威尔等人定义），每种模式在前两年的换羽和羽毛生长
顺序上存在差异。

基本模式（modified basic strategy）、简单替换模式（simple alternate strategy）以及复杂替换模式（complex alternate strategy）。主要的区别在于第一年的换羽，在此期间，若幼鸟"赶上"了成年换羽的固定周期，那么此后每年都会按照此周期重复进行换羽。所有的雀形目鸟只采用修正基本模式或复杂替换模式，而非雀形目鸟则采取所有这四种模式。

纹腹鹰的原始基本模式换羽。每年它都会进行一次简单的完全换羽。年幼的纹腹鹰在离开鸟巢的时候着稚羽（第一基本羽），并在第一年内都着这种羽毛。大约在满一岁时，它开始换为定型基本羽，而野外观鸟者把换上定型羽的鸟类称为成鸟。此后，纹腹鹰会在每年一次的基本羽前换羽中替换自己所有的羽毛。

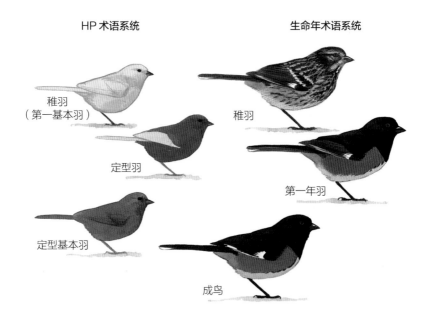

HP 术语系统

生命年术语系统

稚羽
（第一基本羽）

稚羽

定型羽

第一年羽

定型基本羽

成鸟

棕胁唧鹀的修正基本模式换羽。每年它都会进行一次简单的完全换羽，并且在第一年还会进行一次局部换羽。棕胁唧鹀雏鸟着稚羽（第一基本羽）离开鸟巢，很快就换上了定型羽。第一年冬天羽毛会磨损，但是多数飞羽都是第一年保留下来的稚羽。大约在第一年时就会经历一次完全换羽并且形成定型基本羽，显然这时它已是一只成鸟。它整年都会着定型基本羽，只有每年 8 月会进行基本羽前换羽。

银鸥简单替换模式换羽。每年它都会进行一次完全换羽以及局部换羽，在第一年里没有进行其他换羽。成鸟会有一次替换羽并且在第一年换羽会稍有不同。雏鸟离巢后会着稚羽，在第一个冬季，会经历一次多变的换羽，涉及头部和身上的几处羽毛（是由两次换羽所带来的影响）。在第一个夏季，银欧就会经历完全基本羽前换羽，变为第二基本羽。随后，成鸟完全的基本羽前换羽模式会从夏季末期持续到冬季，而部分替换羽前换羽模式会过渡到冬末和春季。

HP 术语系统

生命年术语系统

稚羽
（第一基本羽）

定型羽

第一替换羽

稚羽

第一冬羽

第一夏羽

定型基本羽

定型替换羽

成年冬羽 /
非繁殖羽

成年夏羽 /
繁殖羽

猩红丽唐纳雀复杂替换模式换羽。每年它都会进行一次完全换羽及一次局部换羽，并且在第一年内还会多进行一次局部换羽。猩红丽唐纳雀在离巢时带着稚羽（第一基本羽）。待长成幼鸟时，局部换羽后就长出定型羽，第一个冬季它会带着定型羽。而在第一个夏季快要结束的时候，也就是在猩红丽唐纳雀一岁左右，它会经历一次完全的换羽（最终替代稚羽）并获得定型基本羽，这种成年非繁殖羽会在冬季磨损。在冬末时，还会经历一次局部换羽形成定型替换羽，而此时成年繁殖羽将会在夏季磨损。随后的每一年都会重复这个周期过程，在夏末经历一次完全换羽并在冬末进行一次局部换羽。

## 换羽及羽毛磨损

　　鸟类羽毛外观的所有变化并非都是由换羽引起的，仅凭换羽也并不能解释所有的羽毛变化，认识到这一点很重要。鸟类个体都有着自己独特的外观，这是（各种不同模式的）换羽、羽毛磨损及不同程度褪色以及裸露部分的色相等因素的综合结果。而像雪鹀（*Plectrophenax nivalis*）以及家麻雀（*Passer domesticus*）这些鸟，会通过羽毛磨损来获得繁殖期的外观。HP 术语系统会将这种整年不

**HP 术语系统**

稚羽
（第一基本羽）

定型羽

定型基本羽

**生命年术语系统**

稚羽

第一冬羽

第一夏羽

成年非繁殖羽

成年繁殖羽

雪鹀所经历的修正型基本模式换羽。在此模式下，雪鹀通过羽毛磨损而获得不同的外观。这种鸟的换羽周期与棕胁唧鹀相同。雪鹀带着稚羽（第一本羽）离开鸟巢，很快经过换羽获得了定型羽，但它还保留着飞行稚羽。直到下一年才会经历定型基本羽前换羽，此后它每年会有一次换羽。羽毛磨损本身会首先产生醒目的繁殖羽以及成年繁殖羽外观，而浅褐色羽毛尖端随之磨损。

更换的羽毛简单定义为定型基本羽，因为不管鸟类外观如何，都没有发生换羽。但野外观鸟者却有不同意见，因为鸟类在 5 月与 9 月时看上去差异很大。生命年系统将秋季的鸟类标记为成年非繁殖羽（成年冬羽），而将春季的鸟类标记为成年繁殖羽（成年夏羽）。这证实了鸟类在外观方面具有惊人的、可预见的差异性，但是却没有给我们阐述潜在的换羽机制以及在几个月内逐渐发生的过渡性变化。

## 换羽对外观的影响

换羽的过程以及羽毛的脱落和生长都对鸟类外观有着直接的影响。最常见的是在向新羽过渡期间旧羽和新羽、新羽和磨损羽、繁殖羽和非繁殖羽会错综复杂地交织在一起。同时，由于生长过程中羽毛长短不一，鸟类的外观看起来"凌乱不堪"。羽毛的缺失和生长都会造成鸟类翅膀或尾部的空隙，而这种空隙会导致尾部异常，有时甚或出现尾部消失。不过，尝试去辨识由换羽所导致的这些空隙，也可以得到一些锻炼。此外，换羽也会给鸟类带来更多微妙的影响，包括：小斑纹的减少或丢失，由于羽毛基部暴露而出现奇怪的白色或灰色斑点，甚至由于翅膀形状变化而导致飞行模式的改变等。

右图所示的西滨鹬要花上几个星期的时间，才能完成从深黑色及磨损

西滨鹬在基本羽前换羽快结束时，会换成基本羽，并且其磨损的繁殖羽会变为非繁殖羽。

的替换羽到新生的浅灰基本羽的换羽。在此期间，它的身上会呈现出"凌乱的"黑白混杂的斑纹，而这种斑纹就是它换羽的一个典型标志。半蹼滨鹬会经历相似的阶段，但通常要比西滨鹬晚上几个星期。美洲小滨鹬也会换羽，但是由于新长出来的基本羽是深褐色的，因此看起来与磨损的替换羽并没有明显的差别，并且半蹼滨鹬也不会由于换羽变成西滨鹬那种黑白混杂的样子。

　　下图展示了环嘴鸥翅膀整体换羽的过程。当内侧初级飞羽缺失时，会出现一个明显的缺刻；随着外侧初级飞羽移动到更独立于翅膀其他部分的位置，环嘴鸥翅振频率更快，外观会更"凌乱"。

环嘴鸥初级飞羽逐步换羽的过程。在换羽开始后不久，换羽缺口就出现在内侧初级飞羽中（左上）。随后，外侧初级飞羽开始经历换羽，此时最外面的羽毛脱落或者正在生长（右上）。最终完成了换羽，所有的羽毛完成生长（下）。

在短期内，当轮到外侧初级飞羽换羽时，最长的外侧初级飞羽就会脱落，而靠近外侧的初级飞羽正在生长，结果翼尖变成了既短又圆的非正常形状，且上面的黑色斑纹锐减，翅振频率相对较快，且起伏不定。由于翼尖黑色部分大量减少，再加上其不同寻常的飞行方式，如果观察的时间较短或者距离较远，那么换羽期的环嘴鸥很容易被误认为是冰岛鸥之类的稀有物种。但是这个阶段应只发生在 8 月到 9 月之间，不会对观鸟者造成太长时间的困扰。一些鸟种，如海燕科和鹰科等，更需要观鸟者仔细研究其飞行姿态、翅膀形状和翼尖斑纹，相似的换羽阶段会让鸟类识别变得更具挑战性。

大多数情况下，换羽进行得很缓慢，而且是在分散的羽毛中进行，这样可以保持鸟类羽毛外观的完整性。然而，有时换羽会造成羽毛外观的空隙，使得羽毛基部下面的灰色或白色显露出来。这种

由于翼上覆羽快速更换，大黑背鸥的翼展现出灰白色条纹。同时应注意，生长中的飞羽会以出乎预料的白斑出现在初级飞羽中间（右翼）。

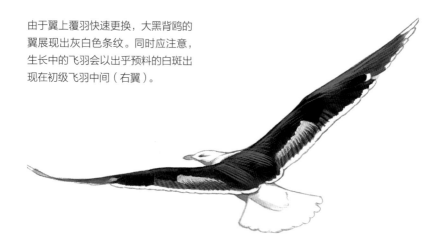

空隙常在如鸥类、燕鸥类、鸦类以及鹬类等翅膀狭长的类群的翼上覆羽中出现。次级覆羽的快速更换会导致大块羽毛几乎同时脱落，致使飞羽或其他覆羽的基部暴露出来。但这种情况对于如环嘴鸥这样的灰色鸟类并不明显，这些灰色调更深的羽毛基部看起来就好似贴了块补丁。而对于如大黑背鸥（*Larus marinus*）这种背部是黑色的鸟而言，这种空隙会在其黑色的表面形成一条非常明显的贯穿性白色条纹。

### 激素对羽毛色素的影响

羽毛颜色的季节性变化会受到其生长期间不同程度的激素影响。尽管大多数鸟类都会换成繁殖羽或非繁殖羽、雌性或雄性、成年个体或亚成体的羽色，但还是不难发现，很多鸟会长有过渡的羽色或斑纹。根据羽毛生长时激素水平的不同，羽毛在明亮度和颜色上会有较大差异，这种变化可以在春季和夏季的鸻鹬类中明显观察到；即使是在一次简单的换羽中，羽毛也可以从黯淡的非繁殖羽变为明亮的繁殖羽。这样还会导致繁殖羽和非繁殖羽之间出现过渡性外观，如黯淡的繁殖羽或明亮的非繁殖羽。

红腹滨鹬肩上的基本羽中有过渡的斑纹。所有这些羽毛都是新长出的，呈浅灰色，没有明显的磨损，且有灰色平滑的羽尖；但是其中一些羽毛的中间有着黑色和锈色斑点，这意味着繁殖羽的出现。在这些羽毛生长的时候，鸟血液中有着足够的性激素，以局部"激活"羽乳头，在新生的羽毛上长出繁殖羽的颜色。

# 羽毛磨损

羽毛自开始生长起，就会持续受到环境降解作用的影响，其中最主要的两种表现就是磨损和褪色。假以时日，这种在羽毛形状和颜色上的逐步变化最终将导致鸟类外观发生显著改变。许多鸟类（如 163 页展示并描述的雪鹀）利用这一点，在羽毛尖端磨损的时候，长出鲜艳明亮的求偶 / 繁殖羽，显露出上一年秋天所沉淀的颜色。用这种方式，它们无须耗费精力、经历旷日持久的羽毛生长过程，就能获得一身光鲜艳丽的羽毛。

在与植物和土壤的接触摩擦中，或者在用喙整理羽毛的过程中，鸟的羽毛都可能会磨损。磨损会减少羽毛边缘上的物质，改变其外观，致使其变得粗糙、不均匀。在多数情况下，磨损也会减少其羽色对比强烈的边缘，缩短羽毛的长度，使得羽毛下部的颜色显露出来。浅色羽毛比深色羽毛更容易受到磨损，实际上是因为深色羽毛中的黑色素会让羽毛变得更加有韧性。

羽毛主要通过太阳照射而褪色。阳光会分解色素，让羽毛颜色变得更浅且更黯淡。某些特定色素比其他色素更容易褪色，例如在鸻鹬类、亚成年鹰类、燕鸥类中常见的浅红褐色。而黑色之类的其他颜色，则不易褪色。

羽毛磨损及褪色与换羽结合起来，就会出现我们在野外看见的一系列情况。实际上，新旧羽毛之间的对比度［即换羽界限（molt limits）］通常是换羽唯一可见的证据。野外观鸟者在讨论学习鸟类换羽时，谈论的内容通常就是针对羽毛的磨损。换羽正是基于换羽界限的存在而推断出来的，换羽时间表提供了一个让我们理解羽毛磨损变化模式的框架。

北美金翅雀在一年中不同时段的外观大不相同。经过仔细观察，就会发现这是由换羽，以及磨损、褪色等影响因素综合作用的

北美金翅雀的新生以及磨损羽毛。上方两只金翅雀长着基本羽，有着典型的冬羽/非繁殖羽外观；新生的羽毛出现在大约10月（左上），而磨损的羽毛出现在1月左右（右上）。下方两只金翅雀长着替换羽，有着夏羽/繁殖羽外观；新生的羽毛出现在3月左右（左下），磨损的羽毛出现在8月左右（右下）。

结果。在秋季刚开始时，我们会看见金翅雀带着新长出来的基本羽（所有羽毛都是新长的），为绚丽的棕色和灰色，翼羽上有着肉桂色斑点，浅黄色的喉部和面部被遮掩起来。随着羽毛磨损及褪色，喉部的黄色部分显露出来（得益于此处羽毛正在换羽），翼上羽毛的条纹磨损并变淡，大部分褪成白色。

2月和3月更换成替换羽，会导致其外观发生巨大的变化，长出亮黄色的体羽且前额变黑。但翼羽与尾羽依然保留了上个秋天换上的基本羽，沿着翼羽边缘的灰色斑纹变淡，甚至都变成白色。在夏末，也就是将近12个月后，沿着次级飞羽和初级飞羽的边缘，构成了翼上色带的那些灰色的覆羽尖端几乎会全部消失，在黄色羽毛磨损的地方，会显示出了不整齐的颜色及白色斑纹。

经过磨损和褪色，一些鸟通体的颜色会进一步加深，而其他一些则会变得更浅。如下图所示的西滨鹬，浅淡的白色羽毛尖端磨损

西滨鹬新生的替换羽（左）与磨损的替换羽（右）。西滨鹬典型的肩羽，在没有经历换羽的4个月内逐步发生了惊人变化。鸟类观察手册上只能展示每种羽毛的一种例子，因此它们所例证的是在罕见种中的"常见"种。

后，露出了下面耐磨的、不易褪色的黑色斑纹。淡红色的羽毛也渐渐褪色并受到磨损，而这只羽毛受到磨损的鸟体中间羽毛几乎全是黑色的。

　　环嘴鸥（参见下图），第一年冬羽的斑纹全是棕色，因此大量磨损及褪色会使其原本的羽色变得更浅，并成为基本没有斑纹的鸟。甚至该鸟的形状也受到了明显的影响，受到磨损的环嘴鸥变得更加消瘦，羽毛更加蓬松杂乱，不再像新生羽毛那样饱满光滑。

第一年的环嘴鸥10月新生的羽毛外观（左），以及6月经过磨损的羽毛外观（右），两者都有其典型的翼覆羽。

　　如环嘴鸥之类的很多鸟类的稚羽都特别脆弱，容易褪色和受到磨损。在同等情况下，它们比成鸟的鸟羽磨损得更快，褪色更多。褪色和磨损最多的是在第一个夏季依然留有稚羽的环嘴鸥。这种情况下的环嘴鸥已经超出了换羽的预定期限。大多数能看出羽毛磨损严重的鸟在下一个换羽阶段开始时会长出一些新生的羽毛。

# 年龄变化

在许多鸟中，成鸟和亚成鸟的差异在识别过程中并不重要。然而，对于非常相似且容易混淆的鸟类，如鹬类、鹰类、鸥类和鹀类，在识别前，了解它们的年龄或性别可能至关重要。

判定鸟类的年龄，某种程度上依靠羽毛斑纹的细节，但更多是凭借广泛的换羽模式和羽毛特征。有一些适用于所有鹰类年龄变化的通则，类似的规则也适用于所有的鸻鹬类、莺类以及其他类群。

为了熟悉鸟类年龄变化，你可以先观察一些近处的鸟，然后再尝试辨认更远处的鸟身上的细节和羽毛斑纹。

翱翔中的红尾鵟图。成鸟（左）和亚成鸟（右）在体形和体色方面存在差异，且因性别不同而在体型大小方面也有差别。对此，观鸟者很容易将二者误判为两种不同的鸟。

　　在"换羽"一章中概述的换羽模式,提供了一些判定鸟类年龄的基本方法。其中一条方法几乎适用于所有鸟,并且在夏末和深秋时特别有效,即刚长出羽毛的亚成鸟都有整齐划一的新生羽毛,而成鸟一直处在活跃的换羽状态或新旧羽毛混杂的状态。潜鸟类、鸬鹚类、鹰类、鸥类、雁类、鸭类以及其他大部分非雀形目鸟的稚羽有个共同的特征,就是都长有排列整齐的细小、末梢尖锐的羽毛且羽毛边缘呈纯白、纯金或者红褐色。一旦了解了这种极为整齐的外观,仅凭此一点,你就足以在秋天辨认出鸟的年龄。随着稚羽磨损,差异也逐渐变小,但是羽毛形状及斑纹方面的细节仍然能让你判断出该鸟的年龄,甚至对于很多种类而言,这些特征可以持续整个第一年。

　　鹰类每年仅经历一次换羽,因此,它们在换上第二基本羽前,稚羽(第一基本羽)要保留一整年。亚成年鹰的飞羽要比成年的更长、更尖、更窄并且颜色更浅。在第一年里,鹰的飞羽和尾羽看起来都很整齐,所有的羽毛都是同样的长度,都很尖锐并且有着相匹

西滨鹬。新生稚羽
(左)以及成鸟羽
(右)在羽毛排布上
有差异。

斯氏鵟的三个年龄段 —— 亚成年 / 第一年（左），第二年（中）及成年（右）。换羽界限、羽毛形状和斑纹、羽毛磨损的差异度可用来判断鸟的年龄。

配的色斑。鹰在第一年进行基本羽前换羽期间，会换掉部分飞行稚羽，同时保留一些飞行稚羽（这种不完全的换羽在大型鸟类中很常见，它们通常需要三年来完成翼的换羽）。第二基本羽和残留的稚羽混杂在一起构成换羽界限，在第一年的鹰的翼上形成补丁状外观。第二基本羽有着成鸟的羽毛外形 —— 比稚羽更短、更硬、更黑，而且它们的斑纹和形状很突出。在鹰第二年时，另外一次基本羽前换羽会替换掉之前剩余的稚羽，此时的翅羽形状和斑纹都相对统一，但是将上一年换羽时长出的羽毛和新生的羽毛两相对比，仍然可以看出换羽界限或新旧羽之间的差异。

由此可见，换羽过程留下了一些可以让观鸟者用以判定鹰年龄的线索。全身的稚羽表明鹰处于其生命的第一年。而当换羽界限明显的成年羽与残留的飞行稚羽混杂在一起时，表明它已经步入第二个年头；全身都是成年羽时，表明它已经进入第三年或三年以上。

　　雀型目鸟的稚羽很稀疏，斑纹也很浅，经过快速换羽后，其羽毛与成年羽相似。然而换羽为判别鸟类年龄提供了另一种线索。多数雀型目鸟第一个秋季只会经历部分定型羽前换羽，在此期间会替换掉大多数的稚羽，但是会保留大量翅膀和尾部的稚羽。由此生长的新的羽毛（通常是三级飞羽）和原本亚成体的次级飞羽与初级飞羽的对比非常明显，并且在基本羽前换羽的一年后都能用于判定它们的年龄。

　　新长出黑色羽毛的鸟，新旧羽差异最为明显，例如猩红丽唐纳雀（参见下图）或棕胁唧鹀，黑色覆羽和棕色次级飞羽的对比即能证实，这只鸟尚不满一岁。有着全棕色或橄榄色翼羽的鸟类，新旧羽毛的差异不是那么明显，但是有时凭借经验以及近距离的观察，仍能探知一二。

猩红丽唐纳雀第一年雄鸟，可见新生黑色三级飞羽、覆羽、原有棕色次级飞羽，以及初级飞羽。

白嘴端凤头燕鸥。幼鸟（左）统一的初级飞羽；成鸟（右）的换羽界限，通常在10月份左右出现。

　　正如上图中成年与亚成年白嘴端凤头燕鸥的对比所示，燕鸥类的初级飞羽为辨别年龄提供了一个有力的线索。可以通过一些细微的差异来区分这两个年龄段 —— 亚成年燕鸥的嘴尖没有黄色，并且三级飞羽上有黑色斑纹，腕部的羽毛条纹更深，翼上覆羽隐约有些苍白，但是最明显的差别还是在初级飞羽上。亚成年燕鸥有着全新的初级飞羽，并且都为深灰色，受到磨损后颜色会变得更深。成年燕鸥则毛色混杂，原来受到磨损的外部初级飞羽颜色非常暗，而一些新长出的内侧初级飞羽颜色是浅灰色的。这种明显的换羽证据 —— 新旧羽毛混合在一起 —— 足以将亚成年燕鸥与成年的燕鸥区别开来。

# 伦理与保护

未受博物学之训练者，其乡野漫步抑或海滨闲行，犹如走马于艺术佳作琳琅满目之殿宇，虚见其表，不见其魂。

——托马斯·赫胥黎

人们对观鸟活动的热衷和追捧，也给鸟类带来了不良影响。观鸟者的基本伦理准则就是不应该给鸟类带来不良影响。即使是在一些鸟类保护区，也很难避免不利影响。在你接近鸟类的过程中，如果它们呈现出站立警戒的姿态，这时候你就应停止前行，让它们安定下来。此外还要记住，在类似于沙滩这样拥挤的地方，许多鸟一天到晚都处于无休止的干扰之中。当你走近正在营巢和夜栖的鸟周围时，还要特别注意你的动作，因为这些鸟此时比其他任何时候都更容易受到惊吓。

发出"吓声"（参阅"寻找鸟类"这一章）是干扰鸟类的一种形式，用录好鸟类叫声进行声音回放来引诱鸟类亦是如此。这种小干扰在各个独立事件中的影响也许微不足道，但是如果时刻不停、日复一日地进行此类干扰，特别是在正在营巢和夜栖的鸟周围进

斑翅鹬处于放松休息的状态
（上）和受到惊吓或紧张时的
警戒状态（下）。

行，就会对鸟类造成负面影响，使它们难以集中精力完成像觅食、
躲避天敌以及营巢之类的满足基本生存需要的活动。

## 鸟类保护

　　许多鸟种的数量正在下降并且面临着多种危机，包括栖息地丧
失、农药威胁以及家猫捕杀。作为观鸟者，我们还担负一项特殊使
命：观察和记录这些问题，并寻找解决的方法。以环境友好的方式
来生活，鼓励其他人看到鸟类的美丽和价值，一起努力维护一个健
康良好的环境。保护栖息地，因地制宜地工作。作为观鸟者，你对
本地、全国乃至全世界鸟类保护组织的支持是至关重要的。

**大自然保护协会**

地址：美国弗吉尼亚州阿林顿北费尔菲科斯大道 4245 号 100 室

邮编：VA 22203-1606

电话：(800)628-6860

网站：www.nature.org

**美国奥杜邦鸟类协会**

地址：美国纽约州百老汇大街 700 号

邮编：NY10003

电话：(212)979-3000

网站：www.audubon.org

**美国鸟类保护协会**

地址：美国弗吉尼亚州平原市劳顿街 4249 号 249 邮箱

邮编：VA20198

电话：(520)253-5780

网站：www.abcbirds.org

# 本书所涉及的鸟种

下列名单中的所有名称[1] 皆依据美国鸟类学家联合会（AOU）编定的《美国鸟类学家联合会北美鸟类名录》中的物种分类标准。

Bittern, Least（*Ixobrychus exilis*）姬苇鳽

Blackbird, Red-winged（*Agelaius phoeniceus*）红翅黑鹂

Bobolink（*Dolichonyx oryzivorus*）刺歌雀

Bunting, Indigo（*Passerina cyanea*）靛蓝彩鹀

Bunting, Snow（*Plectrophenax nivalis*）雪鹀

Caracara, Crested（*Caracara cheriway*）美洲巨隼

Cardinal, Northern（*Cardinalis cardinalis*）主红雀

Chat, Yellow-breasted（*Icteria virens*）黄胸大鹛莺

Chickadee, Black-capped（*Poecile atricapillus*）黑顶山雀

Chickadee, Carolina（*Poecile carolinensis*）卡罗山雀

Crane, Sandhill（*Grus canadensis*）沙丘鹤

Cuckoo, Yellow-billed（*Coccyzus americanus*）黄嘴美洲鹃

Dowitcher, Short-billed（*Limnodromus griseus*）短嘴半蹼鹬

---

[1] 译者注：中文俗名依据郑光美先生主编的《世界鸟类分类与分布名录》。

Duck, American Black（*Anas rubripes*）北美黑鸭

Duck, Ring-necked（*Aythya collaris*）环颈潜鸭

Dunlin（*Calidris alpina*）黑腹滨鹬

Egret, Great（*Ardea alba*）大白鹭

Falcon, Peregrine（*Falco peregrinus*）游隼

Finch, House（*Carpodacus mexicanus*）家朱雀

Finch, Purple（*Carpodacus purpureus*）紫朱雀

Flicker, Northern（*Colaptes auratus*）北扑翅䴕

Flycatcher, Hammond's（*Empidonax hammondii*）哈氏纹霸鹟

Flycatcher, Scissor-tailed（*Tyrannus forficatus*）剪尾王霸鹟

Flycatcher, Yellow-bellied（*Empidonax flaviventris*）黄腹纹霸鹟

Gnatcatcher, Blue-gray（*Polioptila caerulea*）灰蓝蚋莺

Goldfinch, American（*Carduelis tristis*）北美金翅雀

Goose, Canada（*Branta canadensis*）加拿大黑雁

Grosbeak, Black-headed（*Pheucticus melanocephalus*）黑头斑翅雀

Grosbeak, Blue（*Guiraca caerulea*）斑翅蓝彩鹀

Grosbeak, Rose-breasted（*Pheucticus ludovicianus*）玫胸斑翅雀

Gull, Bonaparte's（*Larus philadelphia*）伯氏鸥

Gull, Franklin's（*Larus pipixcan*）弗氏鸥

Gull, Glaucous（*Larus hyperboreus*）北极鸥

Gull, Glaucous-winged（*Larus glaucescens*）灰翅鸥

Gull, Great Black-backed（*Larus marinus*）大黑背鸥

Gull, Herring（*Larus argentatus*）银鸥

Gull, Iceland（*Larus glaucoides*）冰岛鸥

Gull, Laughing（*Larus atricilla*）笑鸥

Gull, Mew（*Larus canus*）普通海鸥

Gull, Ring-billed（*Larus delawarensis*）环嘴鸥

Cull, Thayer's（*Larus thayeri*）泰氏银鸥

Gull, Western（*Larus occidentalis*）西美鸥

Gyrfalcon（*Falco rusticolus*）矛隼

Harrier, Northern（*Circus cyaneus*）白尾鹞

Hawk, Cooper's（*Accipiter cooperii*）库氏鹰

Hawk, Red-shouldered（*Buteo lineatus*）赤肩鵟

Hawk, Red-tailed（*Buteo jamaicensis*）红尾鵟

Hawk, Sharp-shinned（*Accipiter striatus*）纹腹鹰

Hawk, Swainson's（*Buteo swainsoni*）斯氏鵟

Heron, Black-crowned Night-（*Nycticorax nycticorax*）夜鹭

Heron, Great Blue（*Ardea herodias*）大蓝鹭

Hummingbird, Allen's（*Selasphorus sasin*）艾氏煌蜂鸟

Hummingbird, Black-chinned（*Archilochus alexandri*）黑颏北蜂鸟

Hummingbird, Calliope（*Stellula calliope*）星蜂鸟

Hummingbird, Ruby-throated（*Archilochus colubris*）红喉北蜂鸟

Hummingbird, Rufous（*Selasphorus rufus*）棕煌蜂鸟

Jay, Blue（*Cyanocitta cristata*）冠蓝鸦

Junco, Dark-eyed（*Junco hyemalis*）暗眼灯草鹀

Killdeer（*Charadrius vociferus*）双领鸻

Knot, Red（*Calidris canutus*）红腹滨鹬

Lark, Sky（*Alauda arvensis*）云雀

Longspur, Smith's（*Calcarius pictus*）黄腹铁爪鹀

Loon, Common（*Gavia immer*）普通潜鸟

Loon, Red-throated（*Gavia stellata*）红喉潜鸟

Mallard（*Anas platyrhynchos*）绿头鸭

Meadowlark, Eastern（*Sturnella magna*）东草地鹨

Meadowlark, Western（*Sturnella neglecta*）西草地鹨

Merganser, Common（*Mergus merganser*）普通秋沙鸭

Merganser, Hooded（*Lophodytes cucullatus*）棕胁秋沙鸭

Merganser, Red-breasted（*Mergus serrator*）红胸秋沙鸭

Mockingbird, Northern（*Mimus polyglottos*）小嘲鸫

Nighthawk, Common（*Chordeiles minor*）美洲夜鹰

Nighthawk, Lesser（*Chordeiles acutipennis*）小灰眉夜鹰

Nuthatch, Red-breasted（*Sitta canadensis*）红胸䴓

Nuthatch, White-breasted（*Sitta carolinensis*）白胸䴓

Oriole, Audubon's（*Icterus graduacauda*）黑头拟鹂

Oriole, Baltimore（*Icterus galbula*）橙腹拟鹂

Oriole, Bullock's（*Icterus bullockii*）布氏拟鹂

Owl, Burrowing（*Athene cunicularia*）穴小鸮

Owl, Eastern Screech- (*Otus asio*) 东美角鸮

Pelican, Brown (*Pelecanus occidentalis*) 褐鹈鹕

Pintail, Northern (*Anas acuta*) 针尾鸭

Pipit, American (*Anthus rubescens*) 黄腹鹨

Plover, American Golden- (*Pluvialis dominica*) 美洲金鸻

Plover, Black-bellied (*Pluvialis squatarola*) 灰鸻

Plover, Piping (*Charadrius melodus*) 笛鸻

Plover, Semipalmated (*Charadrius semipalmatus*) 半蹼鸻

Quail, California (*Callipepla californica*) 珠颈斑鹑

Redshank, Spotted (*Tringa erythropus*) 鹤鹬

Robin, American (*Turdus migratorius*) 旅鸫

Sandpiper, Least (*Calidris minutilla*) 美洲小滨鹬

Sandpiper, Semipalmated (*Calidris pusilla*) 半蹼滨鹬

Sandpiper, Spoonbill (*Eurynorhynchus pygmeus*) 勺嘴鹬

Sandpiper, Spotted (*Actitis macularia*) 斑腹矶鹬

Sandpiper, Western (*Calidris mauri*) 西滨鹬

Sandpiper, White-rumped (*Calidris fuscicollis*) 白腰滨鹬

Sapsucker, Yellow-bellied (*Sphyrapicus varius*) 黄腹吸汁啄木鸟

Scoter, White-winged (*Melanitta fusca*) 斑脸海番鸭

Siskin, Pine (*Carduelis pinus*) 松金翅雀

Snipe, Common (*Gallinago gallinago*) 扇尾沙锥

Sparrow, Fox (*Passerella iliaca*) 狐色雀鹀

Titmouse, Bridled（*Baeolophus wollweberi*）白眉冠山雀

Towhee, Eastern（*Pipilo erythrophthalmus*）棕胁唧鹀

Veery（*Catharus fuscescens*）棕夜鸫

Vireo, Black-capped（*Vireo atricapillus*）黑顶莺雀

Vireo, Blue-headed（*Vireo solitarius*）蓝头莺雀

Vireo, Red-eyed（*Vireo olivaceus*）红眼莺雀

Vireo, Warbling（*Vireo gilvus*）歌莺雀

Vireo, White-eyed（*Vireo griseus*）白眼莺雀

Vulture, Turkey（*Cathartes aura*）红头美洲鹫

Warbler, Blackpoll（*Dendroica striata*）白颊林莺

Warbler, Black-throated Blue（*Dendroica caerulescens*）黑喉蓝林莺

Warbler, Black-throated Green（*Dendroica virens*）黑喉绿林莺

Warbler, Blue-winged（*Vermivora pinus*）蓝翅虫森莺

Warbler, Chestnut-sided（*Dendroica pensylvanica*）栗胁林莺

Warbler, Connecticut（*Oporornis agilis*）灰喉地莺

Warbler, Golden-winged（*Vermivora chrysoptera*）金翅虫森莺

Warbler, Magnolia（*Dendroica magnolia*）纹胸林莺

Warbler, Nashville（*Vermivora ruficapilla*）黄喉虫森莺

Warbler, Orange-crowned（*Vermivora celata*）橙冠虫森莺

Warbler, Palm（*Dendroica palmarum*）棕榈林莺

Warbler, Prairie（*Dendroica discolor*）草原绿林莺

Warbler, Tennessee（*Vermivora peregrina*）灰冠虫森莺

Warbler, Townsend's（*Dendroica townsendi*）黄眉林莺

Warbler, Yellow（*Dendroica petechia*）黄林莺

Warbler, Yellow-rumped（*Dendroica coronata*）黄腰白喉林莺

Waterthrush, Northern（*Seiurus noveboracensis*）黄眉灶莺

Waxwing, Cedar（*Bombycilla cedrorum*）雪松太平鸟

Whip-poor-will（*Caprimulgus vociferus*）三声夜鹰

Willet（*Catoptrophorus semipalmatus*）斑翅鹬

Woodcock, American（*Scolopax minor*）小丘鹬

Woodpecker, Downy（*Picoides pubescens*）绒啄木鸟

Woodpecker, Hairy（*Picoides villosus*）长嘴啄木鸟

Woodpecker, Lewis's（*Melanerpes lewis*）刘氏啄木鸟

Woodpecker, Pileated（*Dryocopus pileatus*）北美黑啄木鸟

Woodpecker, Red-headed（*Melanerpes erythrocephalus*）红头啄木鸟

Wren, Carolina（*Thryothorus ludovicianus*）卡罗苇鹪鹩

Wren, House（*Troglodytes aedon*）莺鹪鹩

Wren, Marsh（*Cistothorus palustris*）长嘴沼泽鹪鹩

Wren, Sedge（*Cistothorus platensis*）短嘴沼泽鹪鹩

Wren, Winter（*Troglodytes troglodytes*）鹪鹩

Yellowlegs, Greater（*Tringa melanoleuca*）大黄脚鹬

Yellowlegs, Lesser（*Tringa flavipes*）小黄脚鹬

Yellowthroat, Common（*Geothlypis trichas*）黄喉地莺

# 关于作者的说明

　　戴维·艾伦·西布利（David Allen Sibley）是著名鸟类学家弗雷德·西布利（Fred Sibley）的儿子。早在 1969 年，他在七岁的时候，就已经开始认真观鸟并画鸟。他在许多地区性和全国性的出版物上发表过有关鸟类识别的文章，并著书多部。自 1980 年起，他独自一个人或以"观鸟之旅"负责人的身份，走遍北美大陆找寻鸟类。2000 年秋季，西布利关于鸟类识别的综合指南 ——《西布利观鸟手册》（*The Sibley Guide to Birds*）的出版，标志着他的这种高强度的旅行及鸟类学习达到了巅峰状态。之后，在 2001 年秋季他又出版了《西布利鸟类生活及行为指南》（*The Sibley Guide to Birds Life and Behavior*）。更多关于西布利作品，可以在他的个人网站 www.sibleyart.com 上查阅。他现在居住在马萨诸塞州的康科德。